普通高等学校“十四五”规划教材

C语言程序设计基础

主　审　刘国柱　王秀英

主　编　叶　臣　任志考

副主编　宋廷强　江守寰　杨　枫

编　委　丁玉忠　张喜英　杨星海　渠连恩　郭蓝天

马先珍　薛冰洁　郭秋红　刘秀青　宫　道

段利亚　刘金环　陈双敏　张栩朝　王海婷

中国科学技术大学出版社

内 容 简 介

本书旨在帮助读者掌握C语言的基本概念、语法和编程技巧。全书分为10个学习任务，主要内容包括：创建简单C程序，顺序结构程序设计，选择结构程序设计，循环结构程序设计，模块化程序设计，指针操作，数组操作，字符串操作，结构体操作，文件操作。

本书以学习任务的模式，将C语言程序设计的各学习任务分为了学习目标、知识准备、任务实施、任务评价与考核和任务测试练习题等栏目，并配套了资源丰富的计算机公共群在线系统学习网站，方便教师教学和读者自学。与该书同步的实验教材《C语言程序设计实践教程》能够引导读者深入学习C语言并进行上机操作。

本书既可以作为高等学校研究生、本科及专科学生的C语言程序设计学习教材，也可以作为自学者的参考用书，同时还可以作为各类计算机等级考试人员复习用书。

图书在版编目(CIP)数据

C语言程序设计基础/叶臣，任志考主编.—合肥：中国科学技术大学出版社，2023.8
ISBN 978-7-312-05760-1

Ⅰ. C…　Ⅱ. ①叶…②任…　Ⅲ. C语言—程序设计　Ⅳ. TP312.8

中国国家版本馆CIP数据核字(2023)第148722号

C语言程序设计基础
C YUYAN CHENGXU SHEJI JICHU

出版　中国科学技术大学出版社
安徽省合肥市金寨路96号，230026
http://press.ustc.edu.cn
https://zgkxjsdxcbs.tmall.com
印刷　安徽省瑞隆印务有限公司
发行　中国科学技术大学出版社
开本　787 mm×1092 mm　1/16
印张　12
字数　307千
版次　2023年8月第1版
印次　2023年8月第1次印刷
定价　40.00元

前　言

C语言是普及率很高的计算机程序设计语言。本书融合了传统C语言教材的特点和在线学习的新功能，旨在提高教师教学质量和学生学习效率。本书从基础知识到知识应用，由浅入深，步步提升学习深度和广度，无论是初学者还是有一定编程经验的开发者，本书都将提供有用的信息和示例，以帮助读者深入了解和学习C语言。

本书以任务设计为整体设计结构，通过目标设定、实例引入、知识探索、任务实施、任务评价与考核以及任务测试练习等内容的布局，展现了一种全新的学习视角。

本书的任务结构如下：

学习任务1：创建简单C程序。主要内容包括：① 了解C语言发展史、特点和用途；② 熟悉C程序集成开发环境，本书以DEV C++开发软件为C语言集成环境；③ 创建简单C程序。

学习任务2：顺序结构程序设计。主要内容包括：① 熟悉顺序结构程序设计方法；② 掌握C语言基本数据类型；③ 掌握常量和变量的用法；④ 掌握常用的运算符和相关表达式（赋值表达式、逗号表达式、算术表达式）；⑤ 掌握输入/输出函数的使用方法。

学习任务3：选择结构程序设计。主要内容包括：① 掌握选择结构程序设计方法；② 掌握条件判断表达式的用法；③ 掌握if语句用法；④ 掌握switch语句的用法。

学习任务4：循环结构程序设计。主要内容包括：① 掌握循环结构程序设计方法；② 掌握for语句用法；③ 掌握while语句用法；④ 掌握do-while语句用法；⑤ 熟悉循环嵌套结构用法；⑥ 掌握break语句和continue语句的用法。

学习任务5：模块化程序设计。主要内容包括：① 了解C语言模块化程序设计的特点和用途；② 熟悉C语言函数的概念；③ 掌握自定义函数的定义、声明；④ 掌握自定义函数的嵌套、递归调用；⑤ 全局变量和局部变量。

学习任务6：指针操作。主要内容包括：① 熟悉指针的概念；② 掌握指针的定义与访问；③ 掌握指针作为函数参数以及指向函数的指针。

学习任务7：数组操作。主要内容包括：① 了解数组的含义及在内存中的存放形式；② 熟练掌握一维数组的定义、初始化和使用；③ 熟练掌握二维数组的定义、初始化和使用；④ 熟悉数组和指针的使用方法。

学习任务8:字符串操作。主要内容包括:① 熟悉字符类型数据;② 掌握字符串的定义和存储方式;③ 掌握常用字符串处理函数;④ 熟悉字符指针的应用。

学习任务9:结构体操作。主要内容包括:① 熟练掌握结构体的定义、初始化和引用;② 熟练掌握结构体变量的应用;③ 熟悉结构体数组和结构体指针的应用。

学习任务10:文件操作。主要内容包括:① 理解文件的概念;② 掌握文件的基本操作;③ 掌握文件的应用方法。

本书是计算机公共课程群建设项目之一,其任务设计中融合思政教育内容,并且配套有计算机公共群在线系统学习网站(网址为:www. qustsky. online)。本书还包括大量的示例代码和练习题,以帮助读者巩固所学内容并提高编程能力。我们鼓励读者在学习过程中积极动手实践,并尝试编写自己的程序。

希望本书能为您提供一个全面且实用的新形态C语言学习资源。祝您在新形态C语言程序设计的旅程中取得成功!

编者

2023年5月20日于青岛

目　　录

前言 …………………………………………………………………… (ⅰ)

学习任务 1　创建简单 C 程序 ………………………………………… (1)

知识点 1.0　引言 ……………………………………………………… (1)

知识点 1.1　C 语言发展史、特点和用途 …………………………… (1)

知识点 1.2　C 程序集成开发环境 …………………………………… (3)

知识点 1.3　创建简单 C 程序 ………………………………………… (10)

学习任务 2　顺序结构程序设计 ……………………………………… (16)

知识点 2.0　引例 ……………………………………………………… (16)

知识点 2.1　顺序结构程序设计 ……………………………………… (17)

知识点 2.2　数据和数据类型 ………………………………………… (17)

知识点 2.3　常量和变量 ……………………………………………… (19)

知识点 2.4　运算符和相关表达式 …………………………………… (22)

知识点 2.5　输入/输出函数 …………………………………………… (25)

学习任务 3　选择结构程序设计 ……………………………………… (41)

知识点 3.0　引例 ……………………………………………………… (41)

知识点 3.1　选择结构程序设计 ……………………………………… (42)

知识点 3.2　条件判断表达式 ………………………………………… (42)

知识点 3.3　if 语句 …………………………………………………… (44)

知识点 3.4　switch 语句 ……………………………………………… (52)

学习任务 4　循环结构程序设计 ……………………………………… (59)

知识点 4.0　引例 ……………………………………………………… (59)

知识点 4.1　循环结构程序设计 ……………………………………… (60)

知识点 4.2　for 语句 …………………………………………………… (60)

知识点 4.3　while 语句 ………………………………………………… (62)

知识点 4.4　do-while 语句 …………………………………………… (64)

知识点 4.5　循环嵌套结构 …………………………………………… (65)

知识点 4.6　break 语句和 continue 语句 …………………………… (66)

学习任务 5　模块化程序设计 ………………………………………… (72)

知识点 5.0　引例 ……………………………………………………… (72)

知识点 5.1　函数基础知识 …………………………………………… (73)

知识点 5.2　函数的嵌套与递归 ……………………………………… (77)

知识点 5.3　变量的作用域与存储 …………………………………… (80)

学习任务6　指针操作 ……………………………………………… (90)
知识点6.0　引例 ……………………………………………… (90)
知识点6.1　指针的概念 ……………………………………………… (91)
知识点6.2　指针的定义与访问 ……………………………………………… (92)
知识点6.3　指针的使用 ……………………………………………… (94)

学习任务7　数组操作 ……………………………………………… (107)
知识点7.0　引例 ……………………………………………… (107)
知识点7.1　数组的概念 ……………………………………………… (108)
知识点7.2　一维数组 ……………………………………………… (109)
知识点7.3　二维数组 ……………………………………………… (117)
知识点7.4　数组和指针 ……………………………………………… (121)

学习任务8　字符串操作 ……………………………………………… (129)
知识点8.0　引例 ……………………………………………… (129)
知识点8.1　字符类型数据 ……………………………………………… (131)
知识点8.2　字符数组 ……………………………………………… (132)
知识点8.3　字符串处理函数 ……………………………………………… (135)
知识点8.4　字符指针 ……………………………………………… (144)

学习任务9　结构体操作 ……………………………………………… (149)
知识点9.0　引例 ……………………………………………… (149)
知识点9.1　定义结构体类型 ……………………………………………… (151)
知识点9.2　结构体变量 ……………………………………………… (152)
知识点9.3　结构体数组 ……………………………………………… (157)
知识点9.4　结构体指针 ……………………………………………… (159)

学习任务10　文件操作 ……………………………………………… (162)
知识点10.0　引例 ……………………………………………… (162)
知识点10.1　文件概述 ……………………………………………… (163)
知识点10.2　文件操作 ……………………………………………… (164)
知识点10.3　文件应用 ……………………………………………… (172)

附录 ……………………………………………… (182)
附录1　ASCII码表 ……………………………………………… (182)
附录2　常用的标准库函数 ……………………………………………… (184)

参考文献 ……………………………………………… (186)

学习任务1 创建简单C程序

1. 了解C语言发展史、特点和用途。
2. 熟悉C程序集成开发环境，本书以DEV C++开发软件为C语言集成环境。
3. 使用C语言创建简单C程序。

知识点1.0 引 言

党的二十大报告指出："坚持人民城市人民建、人民城市为人民，提高城市规划、建设、治理水平，加快转变超大特大城市发展方式，实施城市更新行动，加强城市基础设施建设，打造宜居、韧性、智慧城市。"在建设智慧城市过程中，很多数字化基础设施设备的接口程序、数字化信息的数据库管理程序和图形处理程序等都需要使用C语言编程实现其功能，智慧城市的建设需要大量具有C语言程序编写能力的人员参与，希望每一名C语言学习者都能学好C语言，在自己专业的各个领域争当国家需要的具有能力的高质量人才，为国家建设发展做出贡献。

知识点1.1 C语言发展史、特点和用途

1.1.1 C语言发展史

C语言诞生于美国的贝尔实验室，由丹尼斯·里奇(Dennis MacAlistair Ritchie)以肯尼斯·蓝·汤普森(Kenneth Lane Thompson)设计的B语言为基础发展而来。为了利于C语言的全面推广，许多专家学者和硬件厂商联合组成了C语言标准委员会，并在1989年推出了第一个完备的C语言标准，简称"C89"，也就是"ANSI C"。截至2022年，最新的C语

言标准为2018年6月发布的“C18”。截至2022年9月，TIOBE(The TIOBE Programming Community index)官方最新发布的编程语言榜单中，C语言排名第二。

C语言是一门面向过程的计算机高级编程语言，C语言描述问题过程中工作量小，可读性强，易于调试、修改和移植，且代码质量与汇编语言相当。C语言代码生成的目标程序效率一般只比汇编语言低10%—20%。因此，C语言可以编写系统软件。当前阶段，在编程领域中，C语言的运用非常多，它兼顾了高级语言和汇编语言的优点，相较于其他编程语言具有较大优势，也被称为中级语言。计算机系统设计和应用程序编写是C语言应用的两大领域。同时，C语言的普适性较强，在许多计算机操作系统中都能够得到适用，且效率显著。

1.1.2 C语言的特点和用途

1. C语言的特点

C语言是一种结构化语言，它有着清晰的层次，可按照模块的方式编写程序，调试方便，且C语言的处理和表现能力强大，依靠多样的数据类型和全面的运算符，可以完成各种数据结构的构建，通过指针类型可对内存直接寻址，也可对硬件进行直接操作，因此既能够用于系统程序开发，也可用于应用软件开发。

主要优点：

(1) 语言简洁。C语言的控制语句仅有9种，关键字也只有32个，编写程序灵活。语句构成与硬件有关联的较少，且C语言本身不提供与硬件相关的输入输出、文件管理等功能，如需此类功能，需要通过配合编译系统所支持的各类库进行编程，故C语言拥有非常简洁的编译系统。

(2) 控制语句结构化。C语言是一种结构化的语言，提供的控制语句具有结构化特征，如for语句、if…else语句和switch语句等。C语言可以用于实现函数的逻辑控制，是面向过程的程序设计方式。

(3) 数据类型多样化。C语言的数据类型广泛，既包含字符型、整型、浮点型等基本数据类型，又提供了枚举类型、数组、结构体、共用体等构造类型，以及空类型和指针类型等特殊数据类型，其中以指针类型使用最为灵活。

(4) 运算符丰富。C语言包含34种运算符，赋值和括号等都可以作为运算符使用，因此C程序的表达式类型和运算符类型非常丰富。

(5) 物理地址直接访问。物理地址是系统为正确地存放和读取信息，给存储器中每一个字节单元设定的唯一的存储器地址，多用于区分虚拟地址。C语言可以实现对硬件进行底层控制和操作，这种直接访问物理地址方式可以提高程序的效率和灵活性。

(6) 代码可移植。C语言是面向过程的编程语言，只需要关注被解决问题的本身，不需要花费过多的精力去了解相关硬件，且针对不同的硬件环境，在用C语言实现相同功能时的代码基本一致，不需或仅需进行少量改动便可完成移植，从而极大地减少程序移植的工作强度。

(7) 目标代码执行效率高。与其他高级语言相比，C源程序可以生成高质量和高效率的目标代码，通常应用于对代码质量和执行效率要求较高的嵌入式系统程序的编写。

主要缺点：

(1) 数据封装性较弱。C程序数据封装性弱的缺点使其在数据的安全性上存在很大缺陷,这也是C和C++的区别。

(2) 语法限制少。C语言语法限制少,对变量的类型约束不严格,这将影响程序的安全性,例如C编译程序不对数组下标越界做检查。因此从应用的角度而言,C语言与其他高级语言相比较难掌握。也就是说,对用C语言的人来说,要求程序设计能力更强。

2. C语言的用途

(1) 系统编程。C语言可移植性好、性能高,能够直接访问硬件地址,而且寻址时间非常短,这使得C语言非常适合开发操作系统或者嵌入式应用程序。在最初的时候,C语言主要应用在这两个领域。例如:UNIX是第一个使用高级语言设计的操作系统,它使用的编程语言就是C语言。后来,Microsoft Windows和不同的Android组件也使用C语言编写。另外,C语言是开发嵌入式系统应用程序和驱动程序的最佳选择,原因是它能够直接操作机器硬件。

(2) 编程语言开发。有些编程语言的编译器或者解释器是使用C语言开发的,还有一些编程语言的库或者模块支持C语言,这使得C语言成为了很多其他编程语言的基础。使用C语言开发的编译器有Clang C、Bloodshed Dev-C、Apple C和MINGW等。

(3) 电气工程领域。C语言在电气工程领域用途很多,它可以使用信号处理算法来管理微处理器、微控制器等集成电路。

(4) 编译器中间件。C语言具有可移植性、适应性强的特点,被用作不同编程语言的中间语言,这样不同编程语言之间就可以共享组件/模块。把C语言作为中间件的编译器有Gambit、BitC、Glasgow Haskell Compiler、Vala和Squeak等。

(5) 应用程序开发。C语言被广泛应用于实现最终的用户应用程序,或作为某些应用程序的关键模块。例如,MySQL是目前使用较广泛的数据库之一,它是使用C/C++开发的。Google Chrome浏览器和Google文件系统都使用了C语言进行开发。Adobe Photoshop是目前很受欢迎的图像编辑器之一,它的很多组件使用了C语言开发。此外,Illustrator和Adobe Premiere也使用了C语言。机械设计领域的各种CAM和CAD都使用C语言编写某些关键模块,这些模块对执行效率有着较高要求。C语言是编译型语言,执行速度比Java或者Python等非编译型语言更快,并且可以提高绘图性能,这也使得C语言在游戏开发领域可以一展身手。

知识点1.2　C程序集成开发环境

Dev-C++(或者叫作Dev-Cpp)是Windows环境下的一个轻量级C/C++集成开发环境(IDE)。它是一款自由软件,遵守GPL许可协议分发源代码。它遵循C++11标准,同时兼容C++98标准,集合了功能强大的源码编辑器、MingW64/TDM-GCC编译器、GDB调试器和AStyle格式整理器等众多自由软件,适合于在教学中供C/C++语言初学者使用,也适合于非商业级普通开发者使用。

2021年8月国内开发者royqh1979对开发的小熊猫Dev-C++发布的6.7.5版本进行了大量的修正和改进,包括完善的C/C++代码补全提示、更强的语法高亮、自动语法检查、C++14/17语法支持、完善的调试功能、支持使用正则表达式进行搜索、高分辨率显示支持等功能，在功能上与 VS Code 接近，同时安装和配置使用更加方便。

小熊猫 Dev-C++ 开发环境包括多页面窗口、工程编辑器以及调试器等，在工程编辑器中集合了编辑器、编译器、链接程序模块和执行程序模块，同时提供高亮度语法显示功能，以减少编辑错误。此外还具备完善的调试功能，是一种学习 C 语言非常实用的集成开发环境。Dev-C++ 是当前很多 C 语言的竞赛和考试都会选用的 C 开发环境。

现以 Dev-C++ 6.7.5(64 位)版本为例简要描述安装过程。

1.2.1　下载小熊猫 Dev-C++ 的安装软件

在小熊猫 C++ 官网首页(图 1.1)中单击下载选项卡，找到下载页面，根据电脑的操作系统配置情况，选择相应的小熊猫 Dev-C++ 版本的安装软件下载，目前下载地址为 https://royqh 1979. gitee. io/redpandacpp/download/，本次下载版本为 Dev-C++ 6.7.5(64 位，GCC10.3)(图 1.2)。

图 1.1　小熊猫 Dev-C++ 官网首页

下载

- Dev-Cpp.6.7.5.GCC.9.2.Portable.7z
- Dev-Cpp.6.7.5.No.Compiler.Portable.7z
- Dev-Cpp.6.7.5.GCC.9.2.Setup.exe
- Dev-Cpp.6.7.5.No.Compiler.Setup.exe
- Dev-Cpp.6.7.5.MinGW-w64.GCC.10.3.Portable.7z
- Dev-Cpp.6.7.5.MinGW-w64.GCC.10.3.Setup.exe
- Dev-Cpp.6.7.5.MinGW-w64.X86_64.GCC.10.3.Portable.7z
- Dev-Cpp.6.7.5.MinGW-w64.X86_64.GCC.10.3.Setup.exe
- 下载 Source code (zip)
- 下载 Source code (tar.gz)

图 1.2　Dev-C++ 6.7.5 版本选择

1.2.2　运行安装程序,完成安装操作

(1) 双击 Dev-Cpp.6.7.5.MinGW-w64.X86_64.GCC.10.3.Setup 安装程序,开始程序解压缩,准备安装(图 1.3)。

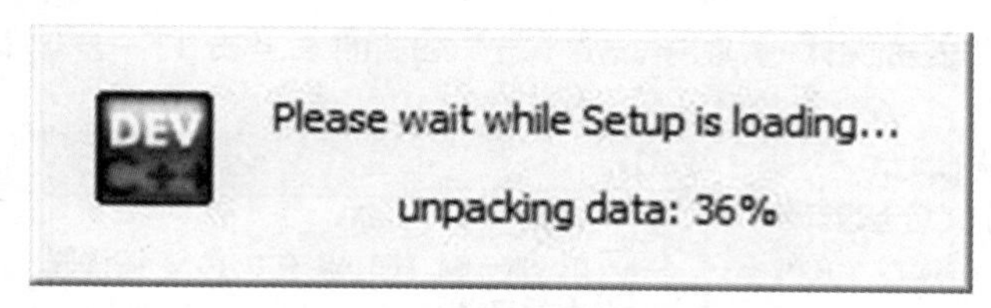

图 1.3　安装程序解压缩

(2) 选择安装语言为简体中文(图 1.4)。

图 1.4　选择安装语言

(3) 接受许可证协议(图 1.5)。

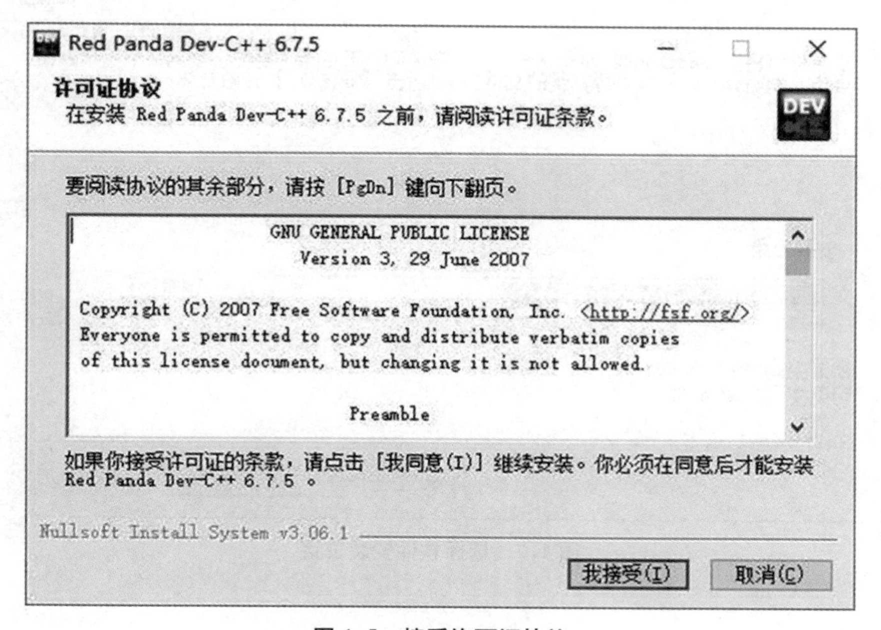

图 1.5　接受许可证协议

(4) 自定义功能组件(图1.6),选择默认,单击“下一步”。

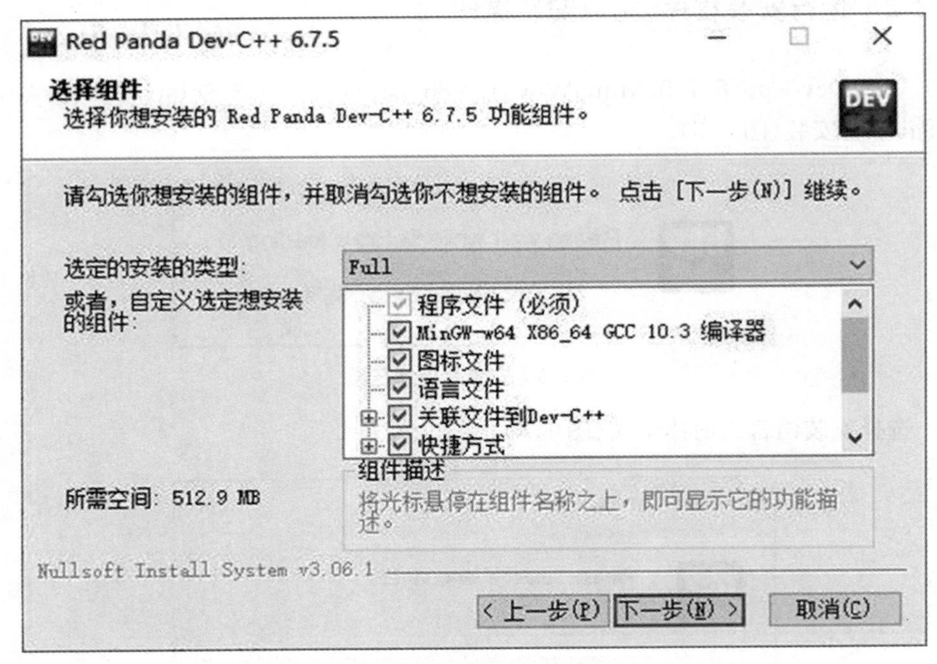

图1.6 自定义功能组件

(5) 选择软件安装位置(图1.7)。

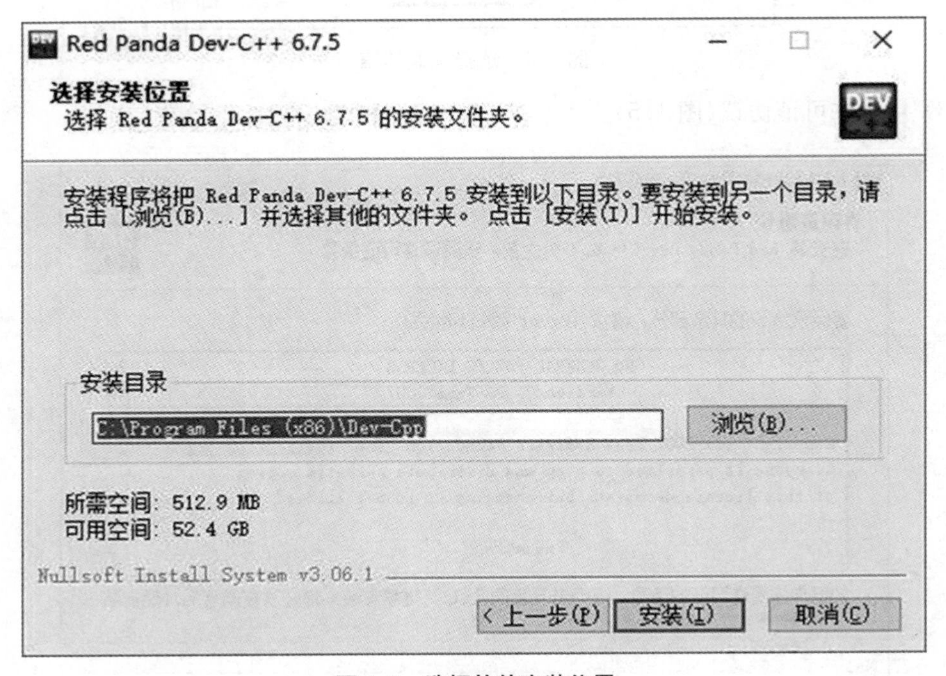

图1.7 选择软件安装位置

(6) 开始安装(图1.8)。

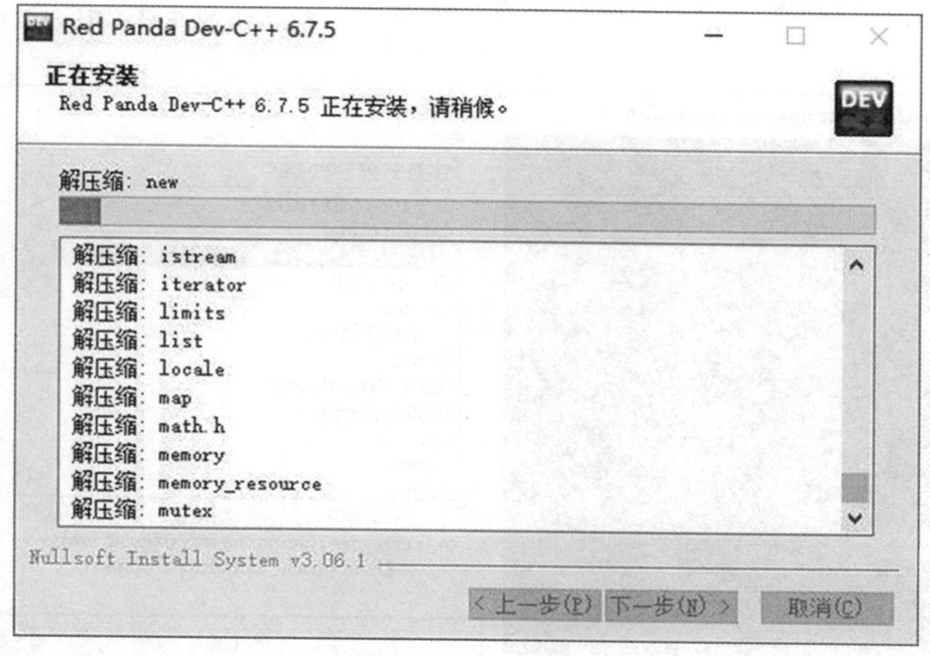

图1.8　开始安装

(7) 完成安装(图1.9)。

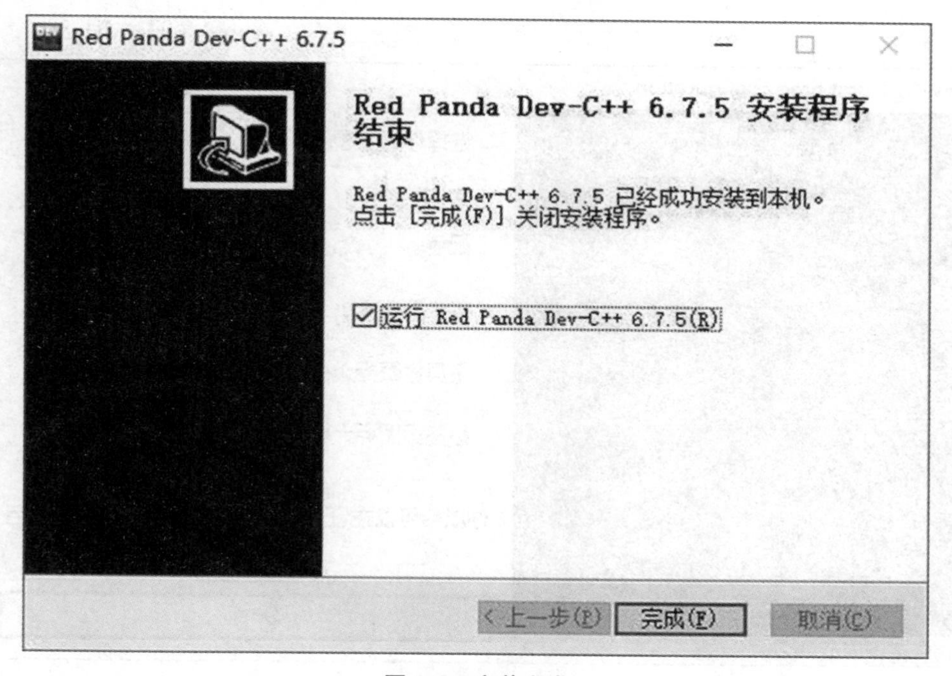

图1.9　安装完成

(8) Dev-C++的 configuration 设置(图 1.10、图 1.11、图 1.12)。

(9) 启动小熊猫 Dev-C++(图 1.13、图 1.14)。

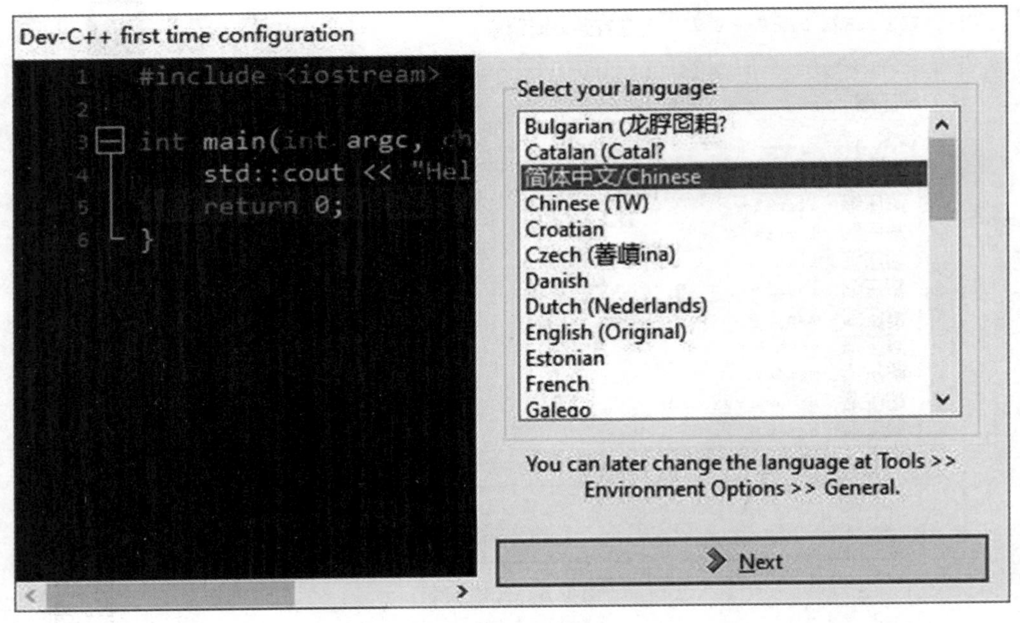

图 1.10 选择语言

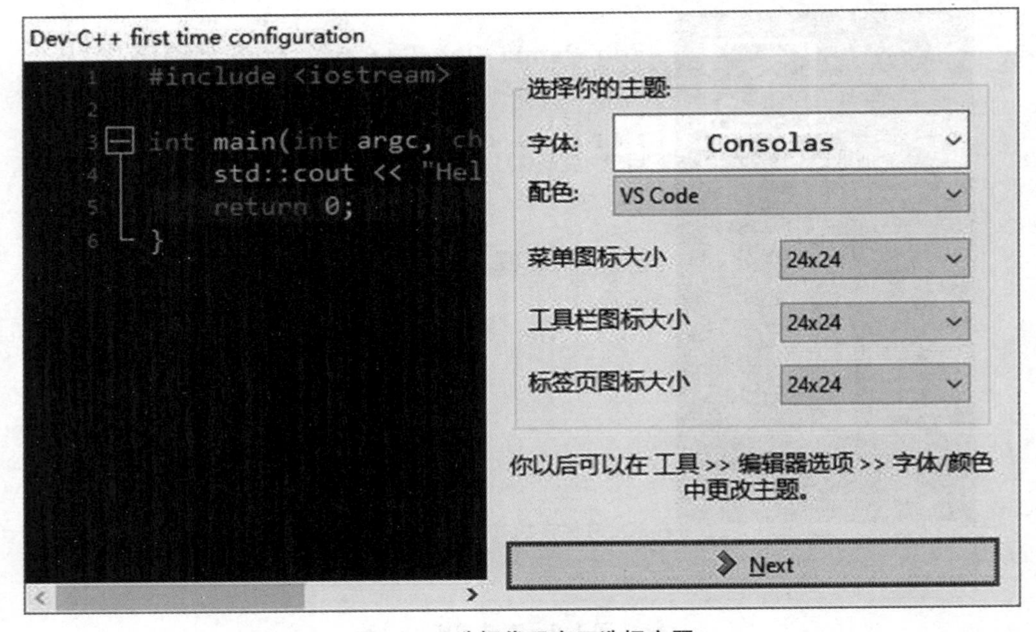

图 1.11 选择代码窗口选择主题

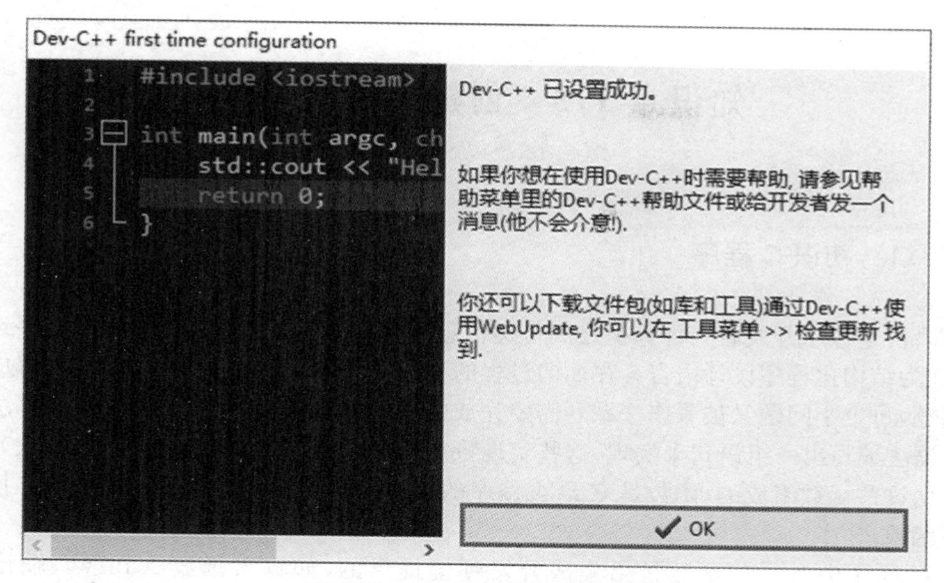

图1.12　configuration设置完成

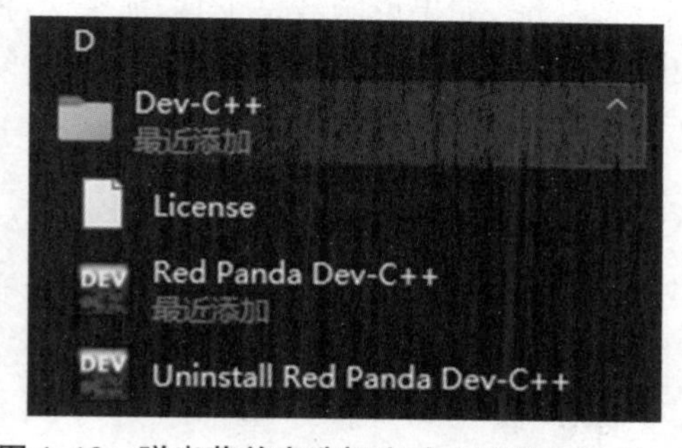

图1.13　弹出菜单中选择启动小熊猫Dev-C++

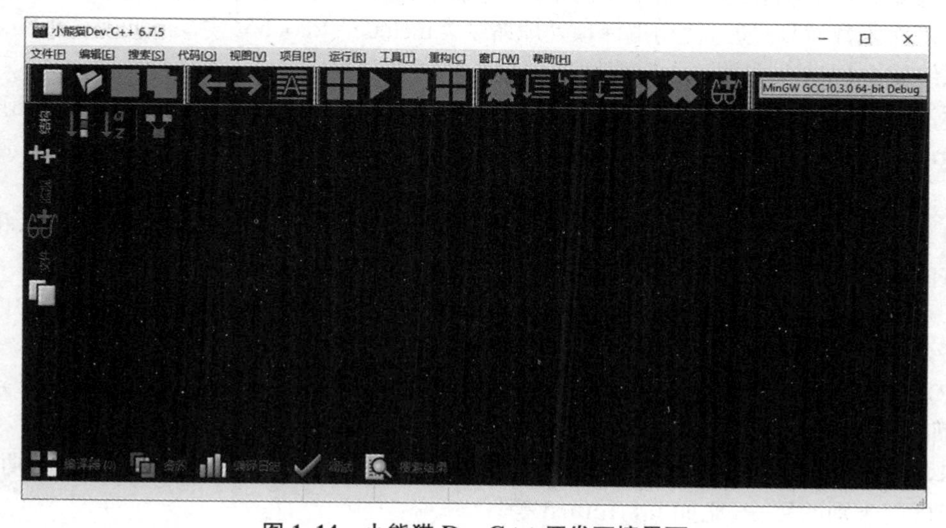

图1.14　小熊猫Dev-C++开发环境界面

知识点 1.3 创建简单 C 程序

1.3.1 初识 C 程序

C 语言是程序开发者与计算机之间传递信息的媒介。C 语言是面向过程的程序设计语言，也称为结构化程序设计语言。在面向过程的程序设计中，需要解决的问题被分解成一个个小问题，每个小问题又被看作一系列需要完成的任务，这些任务的完成需要数学算法结合 C 语言语法编写出一组语句来实现，这些实现特定功能的语句组就是函数（又称模块），C 程序就是由这些函数组成的，函数是 C 语言程序的基本单位，每一个 C 语言程序都有且只有一个主函数。

在 C 程序中有一些函数是由集成开发环境提供的，如输入函数 scanf()，输出函数 printf()等，这些函数被分类放置在不同的文件当中，这些文件在使用时会被放在程序的开头，因此被称为头文件，其后缀是.h。如果说函数是工具，那头文件就像仓库一样，不同的工具会被放入不同的仓库当中。这些由集成开发环境预先定义的函数就被称为库函数。

C 程序基本框架结构 = 头文件 + 主函数 + 注释

```
#include"stdio.h"
int main( ){
    return 0;//程序正常结束时，返回值为0
}
```

说明：

1. 编译预处理命令

作为要完成数据处理功能的 C 程序，一定需要结果的显示，输出函数是必不可少的，输出函数是库函数，可以通过使用编译预处理命令＃include"stdio.h"（或＃include<stdio.h>），这样系统就会把这个文件的内容复制到包含指令所在位置。

标准库函数分为输入输出函数库（stdio.h）、数学函数库（math.h）、字符串函数库（string.h）、动态分配函数和随机函数库（stdlib.h）等，具体详见附录 2。

2. 主函数

（1）main( )函数即主函数，是 C 程序的唯一入口，是程序开始执行的起始位置，也是程序正常的出口，是程序执行结束的位置。

（2）主函数定义部分由一对大括号“{ }”括起来，表示函数的定义范围。函数的内部是由一条条的 C 语句组成的，每条 C 语句都以分号“；”结束。

（3）程序执行完毕，需要返回给操作系统正常结束的结果（即返回值），这个结果是整数类型（即 int）的，这就是 return 0；语句的功能。

（4）关键字是集成开发环境定义好的、具有特定功能的词汇，它已经被指定了功能，因此不能再用于别的用途，比如 int，return 等。

3. 注释

注释是对程序的解释，是由程序开发者标注的，不属于程序的执行部分，不会影响程序的运行。C语言中的注释有两种，一种被称为单行注释，以“//”开头到行末结束；另一种被称为多行注释，以“/ * ”开头，以“ * /”结束，多行注释中比较特殊的是头部注释，一般放在整个程序的最前面，用以标注描述程序的名称、功能、作者、版权、版本、时间等信息。

注意：

(1) 除注释外，程序中的符号如分号、括号等，都必须是英文半角符号，不可以是中文符号或全角符号。

(2) C语言中字符的大小写是有区别的，表现为：用途不同、编译不同、写法不同。大写用于C语言的符号常量名；小写用于C语言的控制语句和关键字等。

1.3.2　创建简单C程序

例1.1　编写显示“我喜欢C程序设计课程”的程序。

第一步：编辑器中编辑程序代码，并保存为扩展名为.c的C源程序文件(图1.15)。

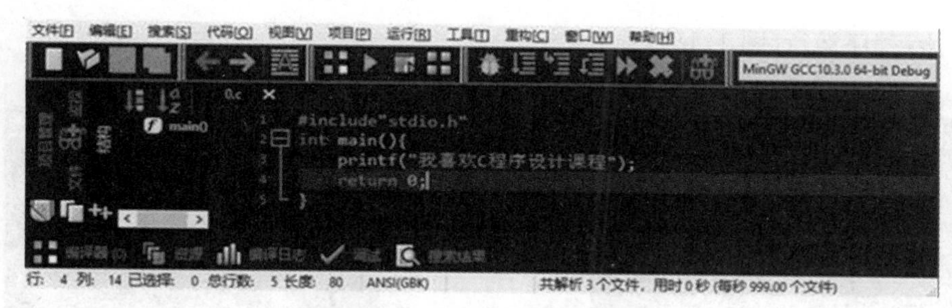

图1.15　已保存的引例C源程序

第二步：程序编译和链接(图1.16、图1.17)。

图1.16　编译和链接

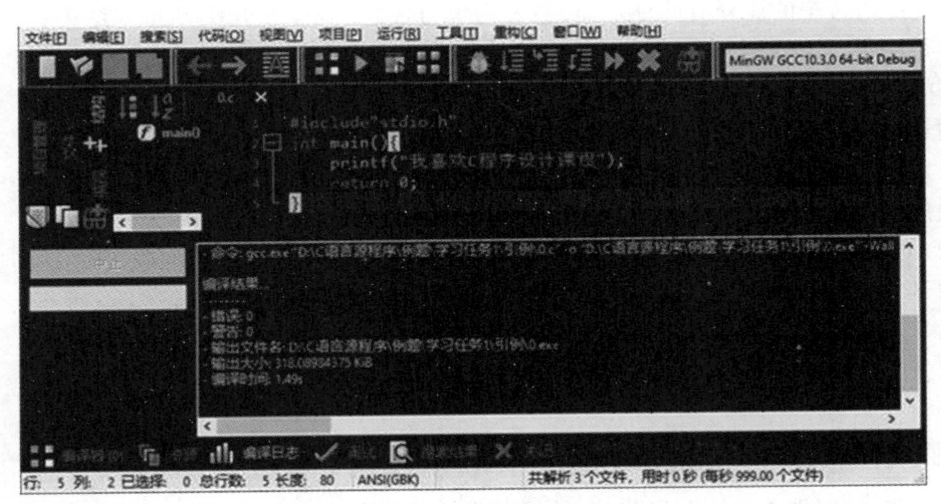

图 1.17　编译和链接的结果

第三步:程序运行(图 1.18)。

图 1.18　程序运行

第四步:程序运行结果显示(图 1.19)。

图 1.19　程序运行结果

任务实施

任务1:编写显示“∗∗∗∗∗∗∗∗∗∗∗”的程序,并回答问题。

1. 请在下方空白处简要写出打开C语言集成开发环境程序的步骤。

2. 在集成开发环境中编辑完善以下程序代码。

程序代码:

```
#include"__________________"             //(1) 请在下划线处填写完善语句
int ____________(){                       //(2) 请在下划线处填写完善语句
   printf("__________________");          //(3) 请在下划线处填写完善语句
   return __________________;             //(4) 请在下划线处填写完善语句
}
```

3. 请保存程序,进行编译和链接,运行后请将运行结果与图1.20结果进行比对,并回答问题。

图1.20　任务1运行结果

问题1:两个运行结果是否一致,如果不一致请说明不一致原因。

问题2:图1.20中运行的程序的文件名是______________,该文件所在的路径是______________。

问题3:图1.20中C源程序文件名是____________。

任务2:请阅读显示“读书本意在元元”的程序,并回答问题。运行结果见图1.21。

```
读书本意在元元
--------------------------------
Process exited after 0.02992 seconds with return value 0
请按任意键继续. . .
```

图1.21　任务2运行结果

1．读程序改错。

```
#inclue"stdio.h"            //请画出语句中的错误,正确的是__________
int main{                   //请画出语句中的错误,正确的是__________
  printf("读书本意在元元")：//请画出语句中的错误,正确的是__________
  Return 0；                //请画出语句中的错误,正确的是__________
}
```

2．根据上题的改错情况,回答问题。

问题1:编译预处理命令的作用是什么?

问题2:主函数在C程序中的作用是什么?

问题3:C程序的结束符是什么?

问题4:C语言中字符的大小写有什么区别?

任务评价与考核表

学习任务1　创建简单C程序		综合评分:	
知识点掌握情况(50分)			
序号	知识点	总分值	得分
1	C语言发展史、特点和用途	15	
2	C程序集成开发环境	15	
3	创建简单C程序	20	
任务完成情况(50分)			
序号	任务内容	总分值	得分
1	任务1:编写显示“***********”的程序,并回答问题	30	
2	任务2:阅读显示“读书本意在元元”的程序,并回答问题	20	

任务测试练习题

单选题

1. C语言是一门面向＿＿＿＿＿的计算机高级语言。

A. 实例　B. 程序　C. 对象　D. 过程

2. C语言可移植性好，性能高，能够直接访问硬件地址，而且寻址时间非常短，这使得C语言非常适合开发操作系统或者嵌入式＿＿＿＿＿。

A. 应用程序　B. 硬件系统　C. 集成电路　D. 共享组件

3. Dev-C++是一款＿＿＿＿＿软件，遵守GPL许可协议分发源代码。

A. 商用　B. 自由　C. 应用　D. 分享

4. ＿＿＿＿＿年8月国内开发者royqh1979开发的小熊猫Dev-C++发布的6.7.5版本进行了大量的修正和改进。

A. 2019　B. 2020　C. 2021　D. 2022

5. 每一个C程序都有且只有＿＿＿＿＿个主函数。

A. 1　B. 2　C. 3　D. 4

6. 主函数定义部分由一对＿＿＿＿＿括起来，表示函数的定义范围。

A. 双引号　B. 小括号　C. 中括号　D. 大括号

判断题

1. C语言是一种结构化语言，它有着清晰的层次，可按照模块的方式编写程序。(　　)

2. C程序数据封装性弱的缺点使其在数据的安全性上存在很大缺陷。(　　)

3. Dev-C++遵循C++11标准，但不兼容C++98标准。(　　)

4. 小熊猫Dev-C++的工程编辑器中集合了编辑器、编译器、链接程序和执行程序。(　　)

5. C程序是程序开发者与计算机之间传递信息的媒介。(　　)

6. 关键字是集成开发环境定义好的、具有特定功能的词汇。(　　)

填空题

1. C语言的控制语句有＿＿＿＿＿种，关键字有32个。

2. C语言包含＿＿＿＿＿个运算符，赋值和括号等都作为运算符使用，因此C程序的表达式类型和运算符类型非常丰富。

3. Dev-C++是＿＿＿＿＿环境下的一个轻量级C/C++集成开发环境(IDE)。

4. 小熊猫Dev-C++开发环境包括多页面窗口、＿＿＿＿＿编辑器以及调试器等。

5. ＿＿＿＿＿是C程序的基本单位。

6. 函数的内部是由一条条的C语句组成的，每条C语句都以＿＿＿＿＿结束。

程序设计题

1. 编写一个显示家乡名称的程序。

2. 编写一个显示“水流千里归大海，人走千里归家园。”的程序。

学习任务 2　顺序结构程序设计

学习目标

1. 熟悉顺序结构程序设计方法。
2. 掌握 C 语言基本数据类型。
3. 掌握常量和变量的用法。
4. 掌握常用的运算符和表达式(赋值表达式、逗号表达式、算术表达式)。
5. 掌握输入/输出函数的使用方法。

知识准备

知识点 2.0　引　例

引例　键盘输入半径,求圆的面积($S=\pi r^2$)。

程序实现:

```
#include"stdio.h"
int main( )
{
    int r;                          //定义变量 r 存放整型数据
    float area,PI;                  //定义变量 area 和 PI 存放单精度实型数据
    PI=3.14;                        //赋值表达式,为变量 PI 赋值 3.14
    printf("请输入圆的半径:");      //printf 输出函数,输出提示信息
    scanf("%d",&r);                 //scanf 输入函数,键盘输入 r 的值
    area=PI*r*r;                    //求圆面积的算术表达式 PI*r*r 的计算结果
                                      赋给 area
    printf("圆的面积为:%f",area);   //printf 输出函数,输出结果
    return 0;
}
```

程序运行结果见图 2.1。

```
请输入圆的半径：1
圆的面积为：3.140000
--------------------------------
Process exited after 3.825 seconds with return value 0
请按任意键继续. . .
```

图2.1　程序运行结果

说明：程序是一个实现求圆面积的算法，采用了顺序结构设计方法，上述代码中有8条C语句依次执行最终求得了圆的面积，在程序中用到了本节要讲述的常量、变量、运算符、表达式、输入输出函数等知识，从这个程序的编写可以看出一个程序的设计需要掌握很多基础知识，现在开始本节的学习。

知识点2.1　顺序结构程序设计

荷兰计算机科学家艾兹格·W.迪科斯彻在1965年提出了结构化程序设计(Structured Programming)理念，并在1972年获得了计算机科学界诺贝尔奖之称的图灵奖。

结构化程序设计的原则可表示为：程序=(算法)+(数据结构)。算法是一个独立的整体，同样数据结构(包含数据类型与数据)也是一个独立的整体，两者分开设计，以算法(函数或过程)为主。结构化程序设计采用自顶向下、逐步求精的设计方法，各个模块通过"顺序、选择、循环"的控制结构进行连接，并且只有一个入口和一个出口。

在"顺序、选择、循环"的三种程序控制结构中，顺序结构是三种结构中最简单最基本的一种。顺序结构表示程序中的各个操作是按照它们出现的先后顺序执行，程序从开始逐条顺序地执行直至程序结束为止，期间无转移、无分支、无循环、无子程序调用等操作。

知识点2.2　数据和数据类型

结构化程序设计中数据结构包括数据和数据类型，数据和数据类型是C语言程序设计的重要知识点。

2.2.1　数据

数据(data)是指对客观事件进行记录并可以鉴别的符号，是对客观事物的性质、状态以及相互关系等进行记载的物理符号或这些物理符号的组合。数据作为土地、劳动力、资本、技术之后的第五大生产要素，是数字经济时代的"石油"，是"新型燃料"，数据对于现代经济具有重要价值。

数据是可识别的、抽象的符号。它不仅指狭义上的数字，还可以是具有一定意义的文字、字母、数字符号的组合、图形、图像、视频、音频等，也是客观事物的属性、数量、位置及其相互关系的抽象表示。例如，“0、1、2、…”“晴天、阴天、雨天”“档案记录”等都是数据。

数据可以是连续的值，如声音、图像，称为模拟数据；也可以是离散的值，如符号、文字，称为数字数据。在现实生活中使用最多的是十进制信息，而在计算机系统中，数据以二进制信息0、1的形式存储和表示。在计算机中，数据是所有能输入计算机并被计算机程序处理的符号介质的总称，是用于输入电子计算机进行处理，具有一定意义的数字、字母、符号和模拟量等的通称。计算机存储和处理的对象十分广泛，这些对象的数据也随之变得越来越复杂。数据经过加工后就成为信息。在大多数编程语言中数据的使用要提前声明，不同的数据在存储、操作和含义上是不同的，处理方式也是有区别的。

2.2.2 数据类型

计算机编程过程中，数据类型是数据的一个属性，是告诉编译器或解释器在程序中如何使用数据。数据类型定义了对数据执行的操作、数据的含义以及存储该类型值的方式。大多数编程语言支持整数、浮点数、字符和布尔值等基本数据类型。

C语言的数据类型决定了数据在内存中的存储格式、存储长度、取值范围、操作等。C语言的数据类型如图2.2所示。

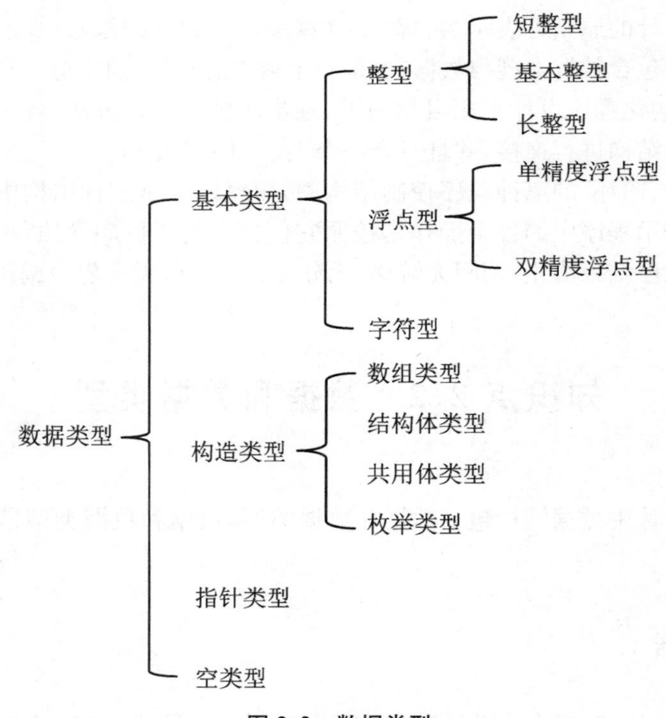

图2.2 数据类型

常用的四种基本数据类型：整型(int)、浮点型(float)、双精度型(double)和字符型(char)。四种基本数据类型的取值范围如表2.1所示。

表 2.1　基本数据类型(字长 32 位以上)

数据类型	字节数	有符号取值范围	无符号取值范围
char	1	−128—127	0—255
short	2	−32768—32767	0—65535
int	4	-2^{31}—$+2^{31}-1$	0—$-2^{32}-1$
long	4	-2^{31}—$+2^{31}-1$	0—$-2^{32}-1$
float	4	-3.4×10^{38}—$+3.4\times10^{38}$	无
double	8	-1.7×10^{308}—$+1.7\times10^{308}$	无

知识点 2.3　常量和变量

2.3.1　常量

常量是指在程序运行过程中其值不会改变的量(常数)。常量不需声明,本身就隐含数据类型。常量主要有两种:直接常量和符号常量。

1. 直接常量

直接常量:可以直接使用,包括整型常量、实型常量、字符常量、字符串常量。如 3.14,2。

(1) 整型常量

整型常量有三种形式:

十进制整数:由数字 0—9 和正负号表示。如 123, −456,0。

八进制整数:由数字 0 开头,后跟数字 0—7 表示。如 0123,011。

十六进制整数:由 0x 开头,后跟 0—9,a—f 或 A—F 表示。如 0x123,0xff。

(2) 实型常量

实型常量有浮点计数法和科学计数法两种表示形式。

浮点计数法:用十进制小数表示,(±整数部分.小数部分),小数点不能省,“+”可省略,如 0.123, .123, −123.0, 0.0, 123.。

科学计数法:可表示特别大(小)的数值,(±尾数部分 E(e)±指数部分),尾数为十进制实数,指数为十进制短整型常量。除“+”号外,其余均不能省略,如 12.3e3,123E2, 1.23e4。

(3) 字符常量

字符常量有两种形式:单引号括起来的单个普通字符或“\”开头的特定字符序列构成的转义字符。

例如:‘a’ ‘A’‘?’‘\n’‘\101’

字符常量的值是该字符的 ASCII 码值,范围 0—127:‘0’(48)　‘A’(65)　‘a’(97)。英文字母大小写的 ASCII 码值相差 32。

字符的 ASCII 值可以像整数一样在程序中参与运算,但不能超出其有效取值范围。例如:'A'+1=66('B')。

主要的转义字符如表2.2所示。

表2.2 转义字符

转义字符	作用
\n	换行符
\'	单引号表示符
\"	双引号表示符
\\	反斜线表示符
\ddd	字符常量的3位八进制表示符
\xhh	字符常量的2位十六进制表示符
\0	空字符(NULL)
\t	水平制表符
\v	垂直制表符
\b	退格符
\r	返回行首位置符
\f	换页符

(4) 字符串常量

字符串常量是用双引号括起来的字符序列,每个字符串在内存中存储时最后都会自动加一个'\0'作为字符串结束标志,长度为 n 个字符的字符串常量,在内存中占用 $n+1$ 个字节的存储空间。

2. 符号常量

符号常量:使用编译预处理命令中宏定义命令定义一个标识符,该标识符代表一个常量。如圆周率PI经常采用符号常量形式。

(1) 标识符

标识符(即名字)是编程时标识使用对象的符号,主要用于程序设计中给变量、常量、函数、结构体等的命名。

C++11之后标识符构成的字符为:字母、下划线、通用字符名、数字,其中数字不能作为标识符的第一个字符。

说明:通用字符名包括汉字,优点是增加了部分可读性,缺点是C语言主体为英语,中文与英文的编码不同,某些特殊情况下可能会造成编码问题;部分C环境版本低不支持中文;程序编写过程中由于程序主体为英文,使用中文标识符需要中英文切换,会在一定程度上降低程序开发效率,因此很少用汉字作为标识符。

(2) 宏定义

宏定义命令是C语言中的编译预处理命令,在C程序执行前计算机会自动将程序中所有宏定义命令定义的标识符简单替换成所代表的常量。

宏定义格式:#define 符号常量 常量

例如:

```
#define WHY "I am a student."
#define  PI  3.1415926
```

2.3.2　变量

变量是指程序运行过程中用于保存数据而在内存中开辟的空间。在C语言中变量需要先定义、再赋值、后使用。

定义:类型说明符 变量名1[,变量名2,…];

类型说明符指明了定义变量的数据类型,数据类型确定了变量在内存中存储形式和操作模式。变量命名遵守标识符规范,定义多个变量时用逗号分隔。

1. 整型变量

整型变量包括有符号整型和无符号整型。

(1) 有符号整型

• 基本型

类型说明符为int,根据计算机的字长和编译器的版本,在内存中存储占2或4个字节,存储空间2个字节取值范围为-32768—32767,存储空间4个字节取值范围为-2^{31}—$2^{31}-1$。例如int a,b,c;(a,b,c为整型变量)。

• 短整型

类型说明符为short int(简称short),在内存中存储占2个字节,取值范围为-32768—32767。例如short a,b,c;(a,b,c为短整型变量)。

• 长整型

类型说明符为long int(简称long),在内存中存储占4个字节,取值范围为-2^{31}—$2^{31}-1$。例如long a,b,c;(a,b,c为长整型变量)。

(2) 无符号整型

• 无符号基本型

类型说明符为unsigned int(简称unsigned),根据计算机的字长和编译器的版本,在内存中存储占2或4个字节,存储空间2个字节取值范围为0—65535,存储空间4个字节取值范围为0—$2^{32}-1$。例如unsigned int a,b,c;(a,b,c为无符号整型变量)。

• 无符号短整型

类型说明符为unsigned short int(简称unsigned short),在内存中存储占2个字节,取值范围为0—65535。例如unsigned short a,b,c;(a,b,c为无符号短整型变量)。

• 无符号长整型

类型说明符为unsigned long int(简称unsigned long),在内存中存储占4个字节,取值范围为0—$2^{32}-1$。例如unsigned long a,b,c;(a,b,c为无符号长整型变量)。

2. 实型变量

实型变量根据数值的范围可分为单精度浮点型(float)和双精度浮点型(double)两种类型。与整型数据的存储方式不同,实型数据是按照指数形式储存的。系统把一个实型数据分成小数部分和指数部分,指数部分采用规范化的指数形式。

• 单精度浮点型

类型说明符为float,在内存中存储占4个字节,取值范围为3.4E+/-38,有效位数(有效位数是指整数部分和小数部分的总位数)6—7 位。例如 float x,y;(x,y 为单精度浮点型变量)。

- 双精度浮点型

类型说明符为 double,在内存中存储占 8 个字节,取值范围为 1.7E+/-308,有效位数(有效位数是指整数部分和小数部分的总位数)15—16 位。例如 double x,y;(x,y 为双精度浮点型变量)。

3. 字符变量

类型说明符为 char,在内存中存储占 1 个字节,取值是字符常量,即单个字符。例如 char ch1,ch2;(ch1,ch2 为字符型变量)。

因字符变量中存放的是字符的 ASCII 码值,因此 char 与 int 数据间可进行算术运算。

例如:

char ch1='a';

ch1=ch1+1;

在程序的执行过程中,常量是可以直接使用的数据,而变量是根据数据类型在内存中开辟的空间,可以存放相应数据类型的数据。

知识点 2.4 运算符和相关表达式

C语言中表达式是由一系列运算符和操作数组成的序列。运算符是进行各种运算的操作符号。而操作数包括常量、变量、常数和函数等。

单个运算符连接的操作数的数量称为目,有单目、双目和三目运算符。单目运算符有逻辑非、负号和正号等,双目运算符有加、减、乘、除、大于、逻辑与等,三目运算符有条件运算符等。

C语言的运算符有:

- 算术运算符:(+ - * / % ++ --);
- 关系运算符:(< <= == > >= !=);
- 逻辑运算符:(! && ||);
- 位运算符:(<< >> — | ^ &);
- 赋值运算符:(=及其扩展);
- 条件运算符:(?:);
- 逗号运算符:(,);
- 指针运算符:(* &);
- 求字节数:(sizeof);
- 强制类型转换:(类型);
- 分量运算符:(. ->);
- 下标运算符:([]);
- 其他:(( ) -)。

表达式中有多个运算符时,运算的顺序是由运算符的优先级决定的,优先级高的先运算，低的后运算。现按从高到低的顺序列出各个优先级的运算符。

第1优先级：各种括号，如()、[]等、成员运算符；

第2优先级：所有单目运算符，如++、--、-、!、—等；

第3优先级：乘法运算符*、除法运算符/、求余运算符%；

第4优先级：加法运算符+、减法运算符-；

第5优先级：移位运算符＜＜、＞＞；

第6优先级：大于运算符＞、大于等于运算符＞=、小于运算符＜、小于等于运算符＜=；

第7优先级：等于运算符==、不等于运算符!=；

第8优先级：按位与运算符&；

第9优先级：按位异或运算符^；

第10优先级：按位或运算符|；

第11优先级：逻辑与运算符&&；

第12优先级：逻辑或运算符||；

第13优先级：三目条件运算符?:；

第14优先级：各种赋值运算符，如=、+=、-=、*=、/=等；

第15优先级：逗号运算符，。

本节主要讲述常量表达式、赋值表达式、逗号表达式和算术表达式的用法。

2.4.1　常量表达式

常量表达式是由一系列运算符和常量构成的序列，可以是单独常量，一般使用的运算符有算术运算符和关系运算符等，例如17,'a',1+2,'b'+1等。

2.4.2　赋值运算符和赋值表达式

1. 赋值运算符

赋值运算符=，双目运算符，优先级14级，结合顺序为从右向左。

2. 赋值表达式

赋值表达式基本格式：变量名=常量或表达式。

功能：将右边变量或表达式的值赋给左边的变量。

例如：

a=b；

a=3；

3. 复合赋值运算符

复合赋值运算符：加赋值运算符+=、减赋值运算符-=、乘赋值运算符*=、除赋值运算符/=等等，优先级2级。

例如：

a+=b等价于a=a+b。

a*=b+2等价于a=a*(b+2)。

4. 赋值运算中自动类型转换

赋值运算符两侧数据类型不一致时，以左侧变量的数据类型为准，自动将右侧的数值进行转换。

浮点型转换为整型(float→int)：舍弃小数，向下取整；

整型转换为浮点型(int→float)：数值不变，小数为0，整数位数超过7位时，损失精度；

双精度浮点型转换为浮点型(double-float)：截取前7位有效数字；

整型转换为字符型(int→char)：取对应二进制数最低8位。

2.4.3 逗号运算符和逗号表达式

1. 逗号运算符

逗号运算符(,)，双目运算符，优先级15级，结合顺序为从左向右。

2. 逗号表达式

逗号表达式是逗号运算符连接了两个表达式，结果是后一个表达式的值。

例如：

1+2,2*3 的结果是6。

a=2,a=6 的结果是6，a的值是6。

2.4.4 算术运算符和算术表达式

1. 算术运算符

算术运算符如表2.3所示。

表2.3 算术运算符

名称	运算符	使用形式	优先级	结合性
负号	-	单目	1	从右向左
递增	++	单目	2	从右向左
递减	--	单目	2	从右向左
乘	*	双目	3	从左向右
除	/	双目	3	从左向右
求余	%	双目	3	从左向右
加	+	双目	4	从左向右
减	-	双目	4	从左向右

2. 算术表达式

算术表达式是以算术运算符和操作数构成的序列。

功能：实现基本的数学四则运算。

例如：a+b，a/b，++a 等。

3. 操作数要求

(1) 除法表达式。两个整型操作数相除时结果为整型数。例如 9/5=1。

(2) 求余表达式。求余表达式中操作数必须为整型。例如 8%5=3。

(3) 递增或递减表达式。递增或递减表达式中运算符后的操作数均为变量,运算符分为前置和后置两种,不同的应用有不同作用。

递增或递减运算符前置时,执行的操作是先递增或递减,后将结果赋值给变量。例如:j= ++i,等价于 i=i+1,j=i。

递增或递减运算符后置时,执行的操作是先将结果赋值给变量,后进行变量的递增或递减运算。例如:j=i++ 等价于 j=i,i=i+1。

知识点 2.5　输入/输出函数

在 C 语言中主要有三个输出函数,分别是 printf 函数、putchar 函数、puts 函数;三个输入函数,分别是 scanf 函数、getchar 函数、gets 函数。使用这些输入输出函数时,首先需要使用编译预处理命令 # include"stdio. h"(或 # include<stdio. h>)指明库函数文件内容的位置。

2.5.1　输出函数

2.5.1.1　printf 函数

printf 函数是最常用的标准输出函数,主要功能是将字符串内容按照设置格式输出到标准输出设备(一般是显示器),函数返回值是终端输出的字符串内容的字符数。

printf 函数的基本格式:printf(格式控制字符串,输出列表)

其中,格式控制字符串是一个输出格式的字符串,字符串中包含有数据占位符和普通字符;输出列表为输出数据(包括常量和变量等)的列表,列表间隔符为逗号(,)。

1. 格式控制字符串

格式控制字符串包括数据占位符和普通字符。

普通字符在输出时原样输出,主要用于输出内容的完善和说明。

数据占位符作用是输出函数执行后通过终端将指定程序数据按照格式在输出内容的占位符位置显示。

基本格式:%[标志][域宽][精度][长度]格式说明符

说明:

%——格式控制字符串中数据占位符开始符号;

标志——设置数据输出样式,标志符号有(-,+,0,#);

域宽——设置终端用于显示数据内容所占用的空间;

精度——设置整型和字符串输出形式,浮点型和双精度浮点型数据的输出精度;

长度——设置同类型多格式数据;

格式说明符——设置数据输出格式;

[ ]——参数可以不设置。

(1) 格式说明符(specifier)

格式说明符是由%和格式字符组成,主要用于设置数据输出格式和输出位置,常见的格式说明符见表2.4。

表2.4 printf函数常用的格式说明符

格式说明符	作用
%d,%i	输出带符号的十进制整型数据
%u	输出无符号的十进制整型数据
%o	输出无符号的八进制整型数据
%x,%X	输出无符号的十六进制整型数据
%f	输出单精度浮点型数据,显示6位小数
%e,%E	以科学计数法方式输出单精度浮点型数据,格式字符为e输出时科学计数法中也为e,为E输出时也为E,默认显示6位小数
%g,%G	使用%g(或%G)格式说明符输出单精度浮点型数据时,输出数据是指数小于-4或指数大于等于6则使用%e(或%E),其他情况为%f
%c	输出字符型数据
%s	输出字符串数据
%p	输出地址型数据

例2.1 格式说明符的使用。

程序实现:

```
#include "stdio.h"
#include "stdlib.h"  //编译预处理命令,说明内置函数 itoa 的位置
int main()
{
    int  a=17;
    float x=-19.23;
    char ch='A';
    printf("十进制-->%d\n", a);           //输出十进制数
    printf("八进制-->%o\n", a);           //输出八进制数
    printf("十六进制-->%x\n",a);          //输出十六进制数
    char s[8];                            //定义字符数组 s,用于存放字符串
    itoa(a,s,2);                          //调用 itoa 内置函数,转换整型变量
a 中的值为二进制,并以字符串形式存放到字符数组 s 中
    printf("二进制-->%s\n", s);           //输出二进制数
    printf("单精度浮点型-->%f\n", x);     //输出单精度浮点型数
    printf("字符型-->%c\n", ch);          //输出字符型数据
    return 0;
}
```

程序运行结果见图2.3。

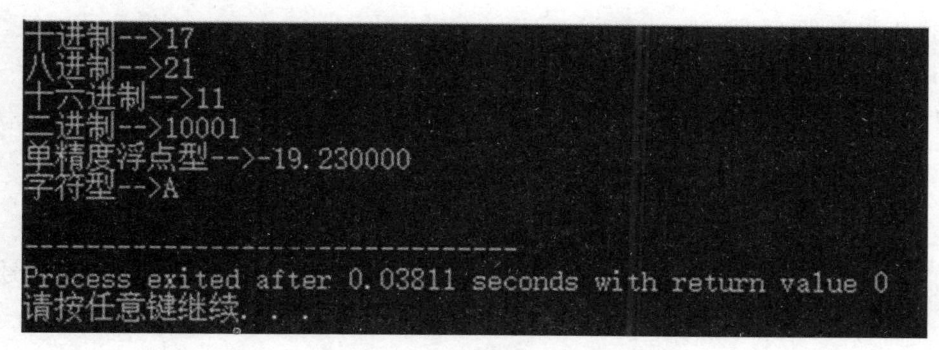

图2.3　程序运行结果

程序说明：程序主要演示了格式说明符的用法，其中整型数据可以输出十进制、八进制和十六进制，但没有二进制的输出格式说明符。例2.1程序给出了一个解决方案，使用编译预处理命令＃include "stdlib.h"，通过调用内置函数itoa，转换整型变量a中的值为二进制，并以字符串形式存放到字符数组s中并输出。

(2) 长度(length)

长度主要用于设置同类型多格式数据，见表2.5。

表2.5　printf函数的长度符号

长度符号	作用
h	格式说明符为整型(i、d、o、u、x和X)时表示设置输出数据为短整型或无符号短整型
l	格式说明符为整型(i、d、o、u、x和X)时表示设置输出数据为长整型或无符号长整型；格式说明符为单精度浮点型(f)时表示设置输出数据为双精度浮点型；格式说明符为字符型(c)时表示设置输出数据为一个宽字符(Unicode字符，双字节存储)；格式说明符为字符串(s)时表示设置输出数据为宽字符字符串(字符串中字符为Unicode字符，字符采用双字节存储)

(3) 标志符号(flags)

标志符号主要有5种(－、＋、(空格)、＃、0)，见表2.6。

表2.6　printf函数的标志符号

标志符号	作用
－	输出值在给定域宽范围内左对齐，没填满部分填充空格
＋	输出值时显示正负数形式，正数前面加正号(＋)；负数前面加负号(－)
(空格)	输出值为正数时值前加空格，为负数时值前加负号(－)
＃	格式说明符是o、x、X时，值前增加前缀0、0x、0X；格式说明符是e、E、f、g、G时，要求使用小数点；格式说明符是g、G时，尾部的0保留
0	输出值小于给定域宽时，值前填充0补足域宽(注：输出值左对齐或者指定精度时，忽略本标志符号)

例2.2 标志符号的使用。

程序实现：

```
#include "stdio.h"
int main()
{
    int  a=17,b=-17;
    printf("%x,%X,%#x\n", a,a,a);               //输出十六进制数
    printf("<%d>,<% d>,<% d>\n", a,a,b); //正号用空格替代,负号正常
                                                  输出
    return 0;
}
```

程序运行结果见图2.4。

```
11,11,0x11
<17>,< 17>,<-17>

--------------------------------
Process exited after 0.03013 seconds with return value 0
请按任意键继续. . .
```

图2.4 程序运行结果

(4) 域宽(width)

域宽主要用于设置终端显示数据内容所占用的空间(即字符数),见表2.7。

表2.7 printf函数的域宽符号

域宽符号	作用
数字	输出数据内容所占用的字符数,如果输出内容长度小于该数,空余部分用空格填充;如果输出内容长度大于该数,输出内容按照长度显示
*	表示域宽设定值是输出列表中的对应参数值

例2.3 域宽的使用。

程序实现：

```
#include "stdio.h"
int main()
{
    int  a=17,b=-17;
    printf("<%-6d>\n", a);                  //左对齐,右边补空格
    printf("<%5d>,<%0*d>\n", a, 5 ,b);   //前面补0
    return 0;
}
```

程序运行结果见图2.5。

```
<17    >
<   17>,<-0017>

--------------------------------
Process exited after 0.03047 seconds with return value 0
请按任意键继续. . .
```

图 2.5　程序运行结果

(5) 精度(precision)

设置整型和字符串输出形式,浮点型和双精度浮点型数据的输出精度,见表 2.8。

表 2.8　printf 函数的精度符号

精度符号	作用
点+数字	整型(格式说明符:d、i、o、u、x、X)精度表示输出的整型数据在没有标志符号0时,该数据长度小于此数字,数据前补零补齐此数字长度,若数据长度大于等于此数字,数据正常显示;浮点型和双精度型数据精度:格式说明符是e、E和f表示小数点后保留的小数位数(四舍五入),格式说明符是g和G表示保留的最大有效位数;字符串(s)精度表示输出的最大字符数,默认情况下,所有字符都会被输出,直到遇到字符串结束标识符;字符型数据(c)没有影响;只使用点没有数字,默认数字为0
点+星号	表示精度设定值是输出列表中的对应参数值

例 2.4　精度的使用。

程序实现:

```c
#include "stdio.h"
int main()
{
    int  a=17,b=-17;
    float  x=199.999,y=-199.999;
    printf("<%5.3d>,<%.*d>\n", a, 4 ,b);  //前面补0
    printf("<%+8.2f>,<%8.2f >\n",x,y);    //输出正负号
    return 0;
}
```

程序运行结果见图 2.6。

```
<  017>,<-0017>
< +200.00>,< -200.00 >

--------------------------------
Process exited after 0.02835 seconds with return value 0
请按任意键继续. . .
```

图 2.6　程序运行结果

2. 输出列表

输出列表是变量或常量的序列,与格式控制字符串中的数据格式声明数量和类型相对应。

例2.5 整型数据不同的输出格式。

程序实现:

```
#include "stdio.h"
int main()
{
    int ch=65;
    printf("1-输出数值%d\n",ch);
    printf("2-输出字符%c\n",ch);
    return 0;
}
```

程序运行结果见图2.7。

图2.7 程序运行结果

说明:程序中ch变量的数据值为65,在不同的输出数据格式定义后显示出了不同的数据形式,%d是输出一个十进制的数值,%c是输出了一个字符,因此可以看出数据的输出形式是由与其相匹配的输出数据格式声明确定的。

2.5.1.2 putchar函数

putchar函数主要功能是将一个字符输出到终端,函数返回值是输出字符的ASCII值。

putchar函数的基本格式:putchar(字符)

其中,putchar函数只有一个参数(即输出到终端的字符数据),该参数可以是字符常量、字符变量、字符的ASCII码值或转义字符等。

例2.6 putchar函数的使用。

程序实现:

```
#include "stdio.h"
int main()
{
    char ch='A';
    printf("1-字符变量作为参数:");
    putchar(ch);                                //将字符变量作为参数
    printf("\n");
    printf("2-字符常量作为参数:");
```

```
    putchar('A');                          //将字符常量作为参数
    printf("\n");
    int i=65;
    printf("3-ASCII码值作为参数:");
    putchar(65);                           //将字符的ASCII码值作为参数
    printf("\n");
    printf("4-整型变量作为参数:");
    putchar(i);                            //将整型变量作为参数
    printf("\n");
    printf("5-转义字符作为参数:");
    putchar('\101');                       //将转义字符作为参数
    printf("\n");
    return 0;
}
```

程序运行结果见图2.8。

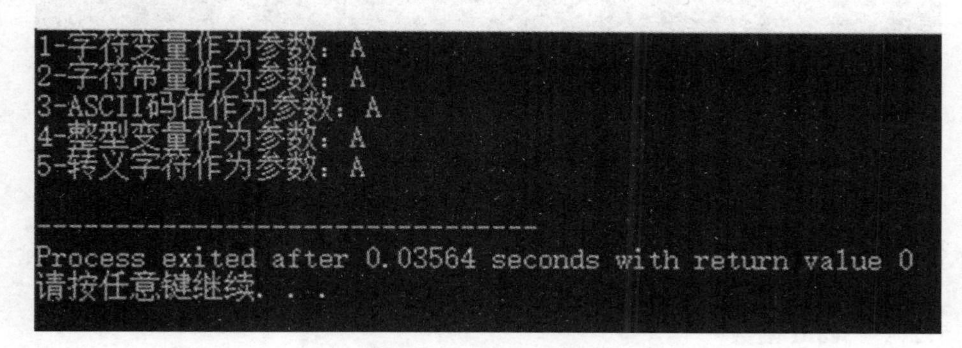

图2.8　程序运行结果

2.5.1.3　puts函数

puts函数主要功能是将一个字符串输出到终端，函数的返回值为0。

puts函数的基本格式：puts(字符串)

其中，puts函数只有一个参数(即输出到终端的字符串数据)，该参数可以是字符串常量或字符数组(注：字符数组主要用于存放字符串)等。

例2.7　puts函数的使用。

程序实现：

```
#include "stdio.h"
#include "stdlib.h"
int main()
{
    int  a=77;
    char s[10];
    itoa(a,s,8);
    printf("字符数组作为puts函数参数范例\n");
```

```
    printf("%d 的八进制数为:",a);
    puts(s);                          //字符数组作为参数
    printf("\n 字符串常量作为 puts 函数参数范例\n");
    puts("C 语言输出函数:\n1、printf\n2、putchar\n3、puts");
                                      //字符串作为参数
    return 0;
}
```

程序运行结果见图 2.9。

```
字符数组作为puts函数参数范例
77的八进制数为: 115

字符串常量作为puts函数参数范例
C语言输出函数:
1、printf
2、putchar
3、puts

--------------------------------
Process exited after 0.03043 seconds with return value 0
请按任意键继续. . .
```

图 2.9 程序运行结果

2.5.2 输入函数

2.5.2.1 scanf 函数

scanf 函数是最常用的输入函数,主要功能是从标准输入设备(一般是键盘)中按照设置格式依次输入多个字符串数据,并按照读入顺序和格式要求保存在地址列表的对应地址中,成功读入数据时,函数返回值为 1;读入数据失败时,函数返回值为 0;出现错误或遇到 end of file 时(即以下操作 Ctrl + z 或者 Ctrl + d),返回值为 EOF。

scanf 函数的基本格式:scanf(格式控制字符串,地址列表)

其中:

格式控制字符串——是一个输入格式的字符串,字符串中可以包含有格式控制符和普通字符;

地址列表——为输入数据所设置的对应内存地址,列表间隔符为逗号(,)。

1. 地址列表

地址列表是变量的地址序列,变量的地址序列与格式控制字符串中的数据格式声明数量和类型相对应。

变量的地址基本格式:& 变量名

说明:

&——取地址符,获取变量的内存地址;

变量名——读入数据在内存中存放地址的访问名。

2. 格式控制字符串

格式控制字符串包括格式控制符和普通字符。

普通字符在输入时需要原样输入，有时可以在多个格式控制符之间添加普通字符（如逗号或分号）作为多个输入数据的间隔符，如果格式控制符之间没有普通字符，输入数据之间的间隔符是空格、制表符和换行符。

格式控制符作用是设置输入函数执行后通过键盘输入数据的格式要求。

基本格式：% [域宽] [长度]格式说明符

说明：

%——格式控制字符串中数据控制符开始符号；

域宽——设置输入数据的读入字符数；

长度——设置同类型多格式数据；

格式说明符——设置数据读入格式；

[ ]——参数可以不设置。

(1) 格式说明符（specifier）

格式说明符是由%和格式字符组成，主要用于设置数据读入格式，常见的格式说明符见表2.9。

表2.9　scanf函数常用的格式说明符

格式说明符	作用
%d,%i	读入带符号的十进制整型数据
%u	读入无符号的十进制整型数据
%o	读入无符号的八进制整型数据
%x,%X	读入无符号的十六进制整型数据
%f,%e,%E,%g,%G	读入单精度浮点型数据
%c	读入字符型数据
%s	读入字符串数据

例2.8　格式说明符的使用。

程序实现：

```
#include "stdio.h"
int main()
{
    char ch;
    int  a;
    float x;
    printf("请输入一个字符型数据：");
    scanf("%c",&ch);                    //变量ch读入字符型数据
    printf("字符型-->%c\n", ch);
    printf("\n请输入一个整型数据：");
```

```
    scanf("%d",&a);                    //变量 a 读入整型数据
    printf("十进制-->%d\n", a);
    printf("八进制-->%o\n", a);
    printf("十六进制-->%x\n",a);
    printf("\n 请输入一个单精度浮点型数据:");
    scanf("%f",&x);                    //变量 x 读入单精度浮点型数据
    printf("单精度浮点型-->%f\n", x);
    return 0;
}
```

程序运行结果见图 2.10。

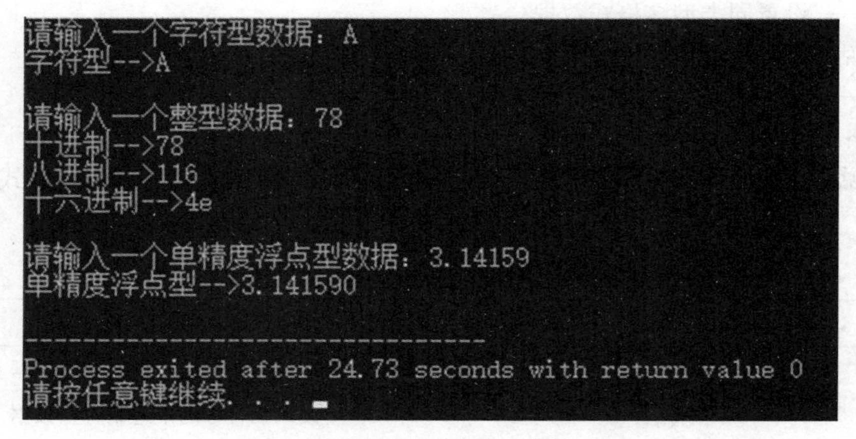

图 2.10　程序运行结果

(2) 长度(length)

长度主要用于设置同类型多格式数据,见表 2.10。

表 2.10　scanf 函数的长度符号

长度符号	作用
h	格式说明符为整型(i、d、o、u、x 和 X)时表示读入数据为短整型或无符号短整型
l	格式说明符为整型(i、d、o、u、x 和 X)时表示读入数据为长整型或无符号长整型;格式说明符为单精度浮点型(f)时表示读入数据为双精度浮点型;格式说明符为字符型(c)时表示读入数据为一个宽字符(Unicode 字符,双字节存储);格式说明符为字符串(s)时表示读入数据为宽字符字符串(字符串中字符为 Unicode 字符,字符采用双字节存储)

(3) 域宽(width)

域宽主要用于设置输入数据的读入字符数,见表 2.11。

表 2.11　scanf 函数的域宽符号

域宽符号	作用
数字	设置输入数据的读入字符数
*	舍弃对应位置的读入数据

例 2.9　域宽的使用。

程序实现：

```
#include "stdio.h"
int main()
{
    int  a,b;
    printf("请输入数据:1618,将读入数据 16 和 18。\n");
    scanf("%2d%2d",&a,&b);                //域宽数字符号的使用
    printf("使用域宽数字符号输入数据:a = %d,b = %d\n",a,b);
    printf("\n 请输入三个整型数据,间隔符是逗号,读入时跳过第二个数据:");
    scanf("%d,% * d,%d",&a,&b);       //域宽符号 * 的使用,读入跳过第二个数据
    printf("使用域宽符号 * 输入数据:a = %d,b = %d\n",a,b);
    return 0;
}
```

程序运行结果见图 2.11。

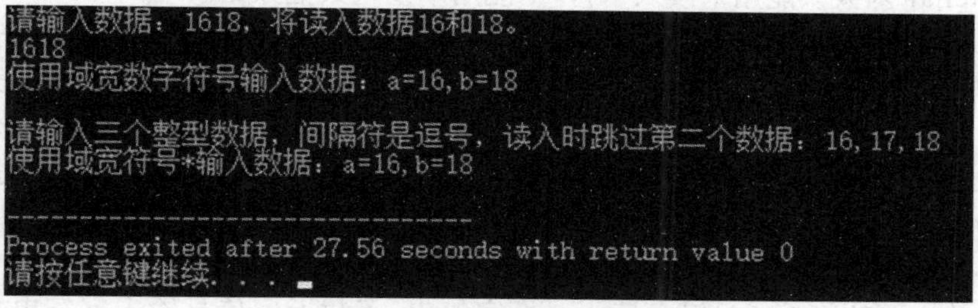

```
请输入数据：1618，将读入数据16和18。
1618
使用域宽数字符号输入数据：a=16,b=18

请输入三个整型数据，间隔符是逗号，读入时跳过第二个数据：16,17,18
使用域宽符号*输入数据：a=16,b=18

--------------------------------
Process exited after 27.56 seconds with return value 0
请按任意键继续. . .
```

图 2.11　程序运行结果

2.5.2.2 getchar 函数

getchar 函数主要功能是通过键盘读入一个字符，函数返回值是输入字符的 ASCII 码值或 EOF。

getchar 函数的基本格式：getchar( )

其中，getchar 函数没有参数，一般会将读入的字符赋值给一个字符型变量。

例 2.10　getchar 函数的使用。

程序实现：

```
#include "stdio.h"
int main()
{
    int  a,b;
    char ch;
    printf("请输入两个整型数据,间隔符是逗号:");
    scanf("%d,%d",&a,&b);
    getchar();                            //读取换行符
```

```
    printf("\n 请输入一个字符型数据：");
    ch = getchar();                                //输入一个字符
    printf("a = %d,b = %d,ch = %c\n",a,b,ch);
    return 0;
}
```

程序运行结果见图2.12。

```
请输入两个整型数据，间隔符是逗号：16,18

请输入一个字符型数据：A
a=16,b=18,ch=A

--------------------------------
Process exited after 9.605 seconds with return value 0
请按任意键继续. . .
```

图2.12　程序运行结果

程序说明：

(1) getchar函数只能用来读入字符，不能用来读入其他数据。

(2) 例题中用scanf函数读入了键盘输入的两个整型数据，但输入时的换行符依然保留在存储缓冲区内，第一个getchar函数读取了这个换行符，第二个getchar函数完成了键盘输入字符型数据读入的操作。

注意：当字符型数据输入顺序在其他类型数据之后时，需要先将前面留下的换行符通过输入函数读取，清空存储缓冲区，然后使用输入函数实现键盘输入字符型数据读取的操作。

2.5.2.3　gets函数

gets函数主要功能是通过键盘读入一个字符串，函数返回值是输入字符串在内存中存储位置的地址，遇到EOF或出现错误时，函数返回值为NULL。

gets函数的基本格式：gets(地址变量)

其中，地址变量的值是通过键盘输入的字符串在内存中存储位置的地址。

例2.11　gets函数的使用。

程序实现：

```
#include "stdio.h"
int main()
{
    char ch1[20],ch2[20];
    printf("请输入第一个字符串：");
    scanf("%s",ch1);
    getchar();                                     //读取换行符
    printf("请输入第二个字符串：");
    gets(ch2);
    printf("\n 第一个字符串：%s\n 第二个字符串：%s\n",ch1,ch2);
    return 0;
}
```

程序运行结果见图 2.13。

图 2.13　程序运行结果

任务实施

任务 1：常量和变量的应用。

1. 请在下方空白处简要写出 C 语言的基本数据类型。

2. 请在下方空白处简要写出标识符的命名规则。

3. 认真阅读以下程序段，用笔画出文中出现的五处错误，并依次简要写明错误和其原因。

程序段：

```
#define  VALUE  a1+a2
    ……
    int  a1 , a2 , a3 , _b , 1_c;
    float  x,y;
    char  ch1,ch2,ch3;
    a1=3;
    a2=2;
    a3=VALUE*a1;                    //求得 a3 的值是 15
    _b=0181;
    x=.678;
    y=e2.1;
    ch1='\101';
    ch2=65;
    ch3="65";
    ……
```

简要写明错误和原因：

(1) ____________________

(2) ____________________

(3) ____________________

(4) ____________________

(5) ____________________

任务2:表达式和运算符的使用。

1. 认真阅读以下程序段,并根据题意要求填空。

程序段：

```
int a,b,c,d,e,f;
float x,y;
char ch;
a=1,b=2;
ch='b'+1;         //本条C语句执行后,根据数据类型可知,ch1= ___(1)___
c=a/b;            //本条C语句执行后,根据数据类型可知,c= ___(2)___
d=a+2,b+3;        //本条C语句执行后,d= ___(3)___
e=a*=b+2;         //请写出等价表达式___(4)___,本条C语句执行后,e= ___(5)___
f=3.79;           //本条C语句执行后,根据数据类型可知,f= ___(6)___
x=3/2;            //本条C语句执行后,根据数据类型可知,x= ___(7)___
y=3.0/2;          //本条C语句执行后,根据数据类型可知,y= ___(8)___
c=b++;            //本条C语句执行后,根据数据类型可知,c= ___(9)___
d=++b;            //本条C语句执行后,根据数据类型可知,d= ___(10)___
```

任务3:请分析例2.11为什么会有下面的程序运行结果见图2.14、图2.15。

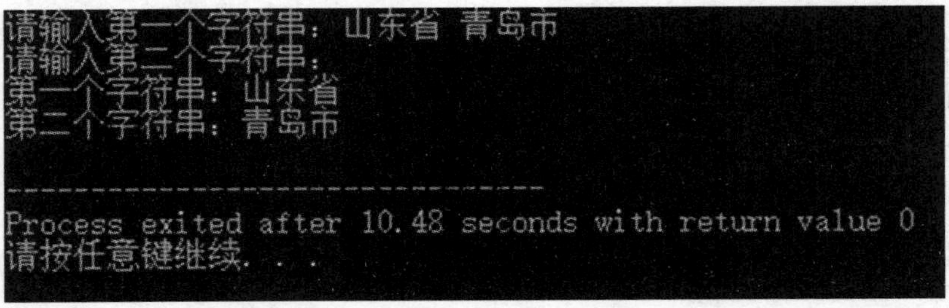

```
请输入第一个字符串：山东省 青岛市
请输入第二个字符串：
第一个字符串：山东省
第二个字符串：青岛市

--------------------------------
Process exited after 10.48 seconds with return value 0
请按任意键继续. . .
```

图2.14　程序运行结果1

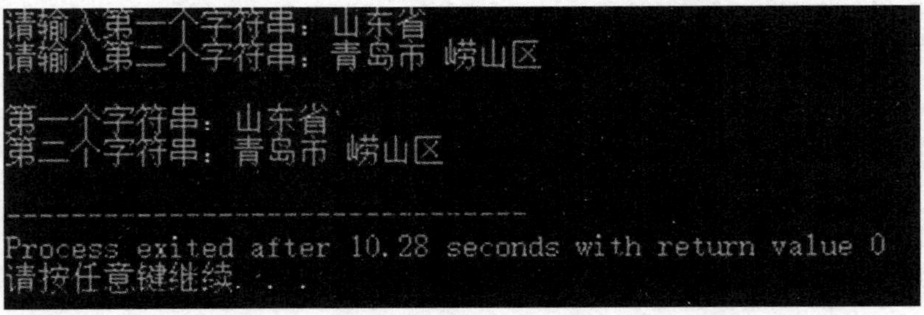

```
请输入第一个字符串：山东省
请输入第二个字符串：青岛市 崂山区

第一个字符串：山东省
第二个字符串：青岛市 崂山区

--------------------------------
Process exited after 10.28 seconds with return value 0
请按任意键继续. . .
```

图2.15　程序运行结果2

任务评价与考核表

学习任务 2　顺序结构程序设计		综合评分：	
知识点掌握情况(50 分)			
序号	知识点	总分值	得分
1	顺序结构程序设计	5	
2	数据和数据类型	10	
3	常量和变量	10	
4	相关表达式和运算符	10	
5	输入/输出函数	15	
任务完成情况(50 分)			
序号	任务内容	总分值	得分
1	任务 1:常量和变量的应用	15	
2	任务 2:表达式和运算符的使用	15	
3	任务 3:请分析例 2.11 为什么会有下面的程序运行结果	20	

任务测试练习题

单选题

1. 荷兰计算机科学家艾兹格 · W. 迪科斯彻在__________年提出了结构化程序设计理念。

A. 1956　B. 1965　C. 1982　D. 1990

2. 以下不属于基本数据类型的是__________。

A. 整型　B. 浮点型　C. 字符串型　D. 字符型

3. 符号常量使用编译预处理命令中__________命令定义一个标识符,该标识符代表一个常量。

A. 头文件　B. 编译条件　C. 宏定义　D. 结构体

4. __________是三目运算符。

A. 逻辑与运算符　B. 条件运算符　C. 逗号运算符　D. 加赋值运算符

5. printf 函数格式控制字符串包含有__________符和普通字符。

A. 转义　B. 数据类型　C. 数据控制　D. 数据占位

判断题

1. 结构化程序设计的原则可表示为:程序 =(算法)+(数据结构)。(　　)

2. 数据是可识别的、具体的符号。(　　)

3. 字符常量的值是该字符的 ASCII 码值,范围 0—128。(　　)

4. 整型数据转换为字符型时只取对应二进制数的低 8 位。(　　)

5. getchar 函数返回值是输入字符的 ASCII 码值或 EOF。(　　)

填空题

1. ＿＿＿＿＿结构是三种控制结构中最简单最基本的一种。

2. double 的数据类型是＿＿＿＿＿型。

3. ＿＿＿＿＿是指程序运行过程中用于保存数据而在内存中开辟的空间。

4. 长整型数据在内存中存储占＿＿＿＿＿个字节。

5. scanf 函数要求多个数据输入时之间的间隔符有:＿＿＿＿＿、制表符和换行符。

程序设计题

1. 编写一个求长方形周长的程序。

2. 输入三角形边长,编写一个求三角形面积的程序。

(说明:开方的内置函数是 sqrt(开方数),其所在的头文件是 math.h。)

学习任务3　选择结构程序设计

学习目标

1. 掌握选择结构程序设计方法。
2. 掌握条件判断表达式的用法。
3. 掌握 if 语句的用法。
4. 掌握 switch 语句的用法。

知识准备

知识点3.0　引　　例

引例　输入一个整数，判断是偶数还是奇数。

程序实现：

```
#include "stdio.h"
int main()
{
    int  a;                              //定义变量 a 存放整型数据
    printf("请输入一个整数:");            //输出提示信息
    scanf("%d", &a);                     //键盘输入 a 值
    if( a % 2 = =0)                      //条件判断,若余数为0,则为偶数,否为奇数
      printf("%d 是偶数。", a);
    else
      printf("%d is 奇数。", a);
}
```

程序运行结果见图3.1。

说明：程序采用了选择结构设计方法，是一种判断一个整数是奇数还是偶数的算法，算法核心是整数对2求余是否为0（即判断整数是否能够被2整除）。因为输入整数存在有能被2整除和不能被2整除两种可能，所以程序中使用了选择结构中的双分支结构形式。在现实生活中有很多需要选择判断的情况，根据不同情况在程序实现上可以采用单分支结构、

双分支结构、多分支结构和分支嵌套等选择结构，现在开始进行选择结构部分的学习。

```
请输入一个整数:66
66 是偶数。
--------------------------------
Process exited after 12.76 seconds with return value 0
请按任意键继续. . .
```

图 3.1 程序运行结果

知识点 3.1 选择结构程序设计

前面讲述了顺序结构程序设计，顺序结构是最简单最基本的控制结构，但在现实生活中，不可能任何事情都是按从上到下的顺序执行。例如：我们周末要开车出去逛逛，首先需要选择目的地(父母家、公园、博物馆等)和出发时间，选好目的地和出发时间后根据情况选择准备的物品，开车到路口时需要选择直行道、右转道还是左转道，同时要注意根据交通信号灯选择停车还是通过等。这个例子中的一些过程是不能采用单纯的顺序结构实现的，需要根据不同的条件，执行不同的操作，这就是在现实生活中的选择结构，可以看到选择结构的例子是非常普遍的。

选择结构是很重要的程序控制结构，其特点是根据条件判断表达式结果来确定执行的操作。C 语言提供了 2 种选择语句结构：

(1) if 语句：主要根据给定的条件进行判断，决定执行哪个分支。

(2) switch 语句：主要用于条件判断表达式是常量表达式，其结果是一个常量值，不同值对应执行不同分支操作的情况。

知识点 3.2 条件判断表达式

条件判断表达式一般是关系表达式或逻辑表达式，也可以是常量表达式或算术表达式等，其值是逻辑值，逻辑值共有两个分别是真和假，逻辑值“真”用整数 1 表示，逻辑值“假”用整数 0 表示。

条件判断表达式是常量表达式和算术表达式时，其值将是一个整型数，按照 C 语言判断逻辑值结果的原则：如果整型数为 0，作为条件判断表达式的值为逻辑值“假”；如果整型数为非 0(即不是 0 的其他整数)，作为条件判断表达式的值为逻辑值“真”。

3.2.1 关系运算符和表达式

1. 关系运算符

关系运算符主要有6个:小于(<)、小于等于(<=)、大于(>)、大于等于(>=)、等于(==)、不等于(!=),见表3.1。

表3.1 关系运算符

名称	运算符	使用形式	优先级	结合性
小于	<	双目	6	从左向右
小于等于	<=	双目	6	从左向右
大于	>	双目	6	从左向右
大于等于	>=	双目	6	从左向右
等于	==	双目	7	从左向右
不等于	!=	双目	7	从左向右

2. 关系表达式

关系表达式是以关系运算符和操作数组成的序列。

功能:实现关系运算符左右两边的数值比较,结果为逻辑值。

例如:

```
int a=3,b=5,c,d;
c=a>b;          //a>b为关系表达式,结果为逻辑值假,整数值为0
d=a-1==b-3      //a-1==b-3为关系表达式,等价于(a-1)==(b-3),结果为
                  逻辑值真,其整数值为1
```

3.2.2 逻辑运算符和表达式

1. 逻辑运算符

在C语言中逻辑运算符有3个:逻辑非(!)、逻辑与(&&)和逻辑或(||),见表3.2。

表3.2 逻辑运算符

名称	运算符	使用形式	优先级	结合性
逻辑非	!	单目	2	从右向左
逻辑与	&&	双目	11	从左向右
逻辑或	||	双目	12	从左向右

2. 逻辑运算真值表

两个逻辑变量a和b的逻辑运算,见表3.3。

表 3.3 逻辑运算真值表

a	b	!a	!b	a&&b	a||b
真	真	假	假	真	真
真	假	假	真	假	真
假	真	真	假	假	真
假	假	真	真	假	假

3. 逻辑表达式

逻辑表达式是以逻辑运算符和操作数组成的序列。

功能:实现对操作数的逻辑关系运算,结果为逻辑值。

例如:

```
int a=3,b=5,c=8,d=6,k;
k=!(a>b);              //(a>b)的结果是假,逻辑非运算后结果是真
k=a>b && c>d ;         //a>b 的结果是假,逻辑与运算后结果是假
k=c>d || a>b;          //c>d 的结果是真,逻辑或运算后结果是真
k=!(b-a);
                       //b-a 的结果是 2,根据规则此结果为逻辑值时非 0 即为
                         真,因此 b-a 的结果为真,得到 k=!1=0,k 最终的结
                         果为假,整数表示为 0
k=!(a-a);
                       //a-a 的结果是 0,根据规则此结果为逻辑值时 0 即为假,
                         因此 a-a 的结果为假,得到 k=!0=1,k 最终的结果为
                         真,整数表示为 1
```

说明:根据C语言逻辑表达式的运算规则,在表达式运算过程中,进行逻辑与运算时,如果其左侧操作数结果为假,则不再进行右侧操作数的运算;进行逻辑或运算时,如果其左侧操作数结果为真,则进行右侧操作数的运算。因此上例中逻辑与和逻辑或表达式只对其左侧的操作数进行了运算,右侧操作数没有运算,就得出了结果。

知识点 3.3 if 语 句

if 语句是选择结构中最常用的形式,根据给定的条件进行判断,以决定执行哪个分支的C语句。C语言的 if 语句有三种基本形式:单分支结构、双分支结构和多分支结构。

单分支结构:根据给定条件,决定是否执行该C语句。

双分支结构:根据给定条件,判断后执行两条路径中的一条中的C语句。

多分支结构:根据给定条件,判断后决定执行其中一条路径中的C语句。

3.3.1 单分支结构

一般形式为:

```
if(表达式)
语句;
```

说明:如果表达式(即条件判断表达式)的值为真,则执行其后的语句,否则不执行该语句。根据给定表达式的值决定执行操作或者跳过操作。其执行过程见图3.2。

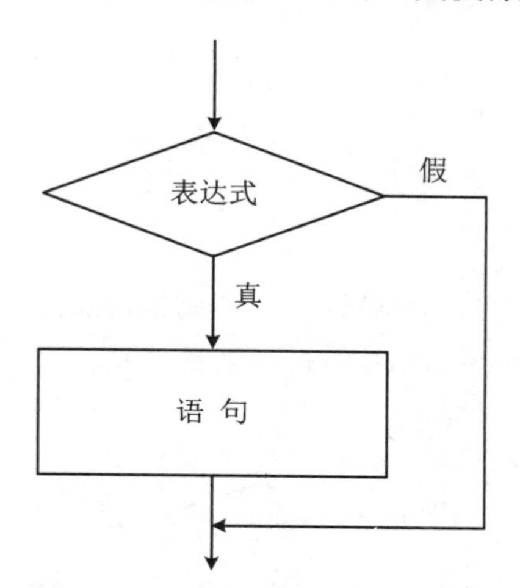

图3.2　if语句的单分支结构执行过程

例3.1　从键盘输入一个整数n,求该数的绝对值。

程序实现:

```
#include "stdio.h"
int main()
{
    int n;
    printf("请输入一个整数:");
    scanf("%d",&n);
    if(n<0)
        n=-n;
    printf("该数的绝对值是%d。\n",n);
    return 0;
}
```

程序运行结果见图3.3。

```
请输入一个整数: -6
该数的绝对值是6。

--------------------------------
Process exited after 4.926 seconds with return value 0
请按任意键继续. . .
```

图3.3　程序运行结果

3.3.2 双分支结构

1. 双分支结构

一般形式为：

```
if(表达式)
    语句1;
else
    语句2;
```

说明：如果表达式的值为真，则执行语句1，否则执行语句2。根据给定表达式决定在两个不同的操作中，选择其中一个执行，执行过程见图3.4。

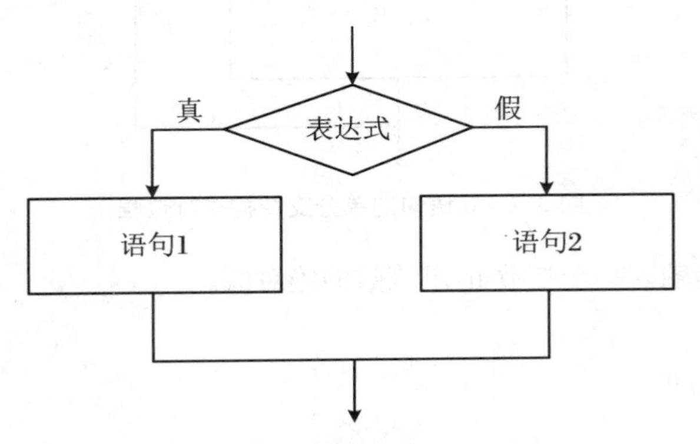

图3.4 if语句的双分支结构执行过程

例3.2 键盘输入两个整数，输出其中较大的数。

程序实现：

```
#include  "stdio.h"
int main()
{
    int a, b,max;
    printf("请输入整数a,b:");
    scanf("%d,%d",&a,&b);
    if(a>b)
        max=a;
    else
        max=b;
    printf("max=%d\n",max);
    return 0;
}
```

程序运行结果见图3.5。

```
请输入整数a,b: 6,8
max=8

--------------------------------
Process exited after 5.131 seconds with return value 0
请按任意键继续. . .
```

图 3.5 程序运行结果

例3.3 键盘输入一个字符,若是英文字母,则输出“是”,否则输出“否”。

程序实现:

```
#include  "stdio.h"
int main()
{
    char  c,ch;
    printf("请输入一个字符:");
    scanf("%c",&c);
    if((c>='a'&&c<='z')||(c>='A'&&c<='Z'))
        ch='Y';
    else
        ch='N';
    printf("%c",ch);
    return 0;
}
```

程序运行结果见图3.6。

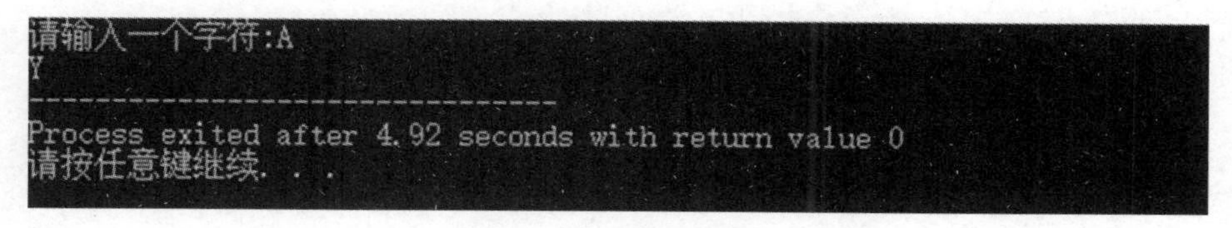

图 3.6 程序运行结果

注意:本题在输入时需要直接输入字符,不能在其前面添加多余字符。

2. 条件表达式

条件表达式可以看作简单的双分支结构形式。当两个分支路径中每条分支只有一条C语句时,可以使用条件表达式实现双分支选择结构形式。

条件表达式的一般形式:表达式1? 表达式2: 表达式3

功能:如果表达式1的值为真,条件表达式的值为表达式2的值,否则条件表达式的值为表达式3的值。

例3.4 使用条件表达式表示例3.2和例3.3中的双分支结构。

(1) 例3.2中程序段:

```
if(a>b)
```

```
        max=a;
    else
        max=b;
```

使用条件表达式表示为:max=a>b? a:b;

(2) 例3.3中程序段:

```
if((c>='a'&& c<='z')||(c>='A'&& c<='Z'))
        ch='Y';
else
        ch='N';
```

使用条件表达式表示为:

```
ch=(c>='a'&& c<='z')||(c>='A'&& c<='Z')? 'Y':'N';
```

思考题:请使用例3.4中条件表达式形式改写例3.2和例3.3的程序。

3. 复合语句

if语句结构中不同路径里的C语句只能是一条而不能是多条,如果出现多条C语句的情况,需要使用复合语句形式。复合语句是将多条C语句用花括号(或称大括号)括起来,在使用时相当于一条C语句的形式,但不需要在花括号后添加分号。复合语句用法见例3.5。

例3.5　求 $ax^2+bx+c=0$ 方程的根。

分析:键盘输入a,b,c的值。根据一元二次方程求解方法可知,$b^2-4ac\geq0$ 时方程有实根,实根值为 $(-b+(b^2-4ac)^{1/2})/(2.0*a)$ 和 $(-b-(b^2-4ac)^{1/2})/(2.0*a)$,否则方程无实根。

程序实现:

```
#include"stdio.h"
#include"math.h"
int main( )
{
    double a,b,c,disc,x1,x2,p,q;
    printf("请输入一元二次方程系数a,b,c的值:");
    scanf("%lf,%lf,%lf",&a,&b,&c);
    disc=b*b-4*a*c;
    if (disc<0)
        printf("没有实根!\n");
    else
    {
        p=-b/(2.0*a);
        q=sqrt(disc)/(2.0*a);
        x1=p+q;
        x2=p-q;
        printf("实根值为:\nx1=%7.2f\nx2=%7.2f\n",x1,x2);
    }
    return 0;
```

}

程序运行结果见图3.7。

```
请输入一元二次方程系数a,b,c的值: 1,2,1
实根值为:
x1=   -1.00
x2=   -1.00

--------------------------------
Process exited after 3.458 seconds with return value 0
请按任意键继续. . .
```

图3.7　程序运行结果

说明:本例中程序段

```
{
    p= - b/(2.0 * a);
    q= sqrt(disc)/(2.0 * a);
    x1 = p + q;
    x2 = p - q;
    printf("实根值为:\nx1 = %7.2f\nx2 = %7.2f\n",x1,x2);
}
```

是一条复合语句,它是由5条C语句组成的,用花括号括起来后其相当于一条C语句使用,但花括号后不用添加分号。

3.3.3　多分支结构

一般形式为:

```
if(表达式1)
    语句1;
else if(表达式2)
    语句2;
else if(表达式3)
    语句3;
……
else if(表达式m)
    语句m;
else
    语句n;
```

说明:依次判断表达式的值,当其中某个表达式的值为真时,执行其对应的语句后跳出多分支结构继续执行后面语句;如果表达式的值都为假,则执行else后面的语句n,然后跳出多分支结构继续执行后面语句。执行过程见图3.8。

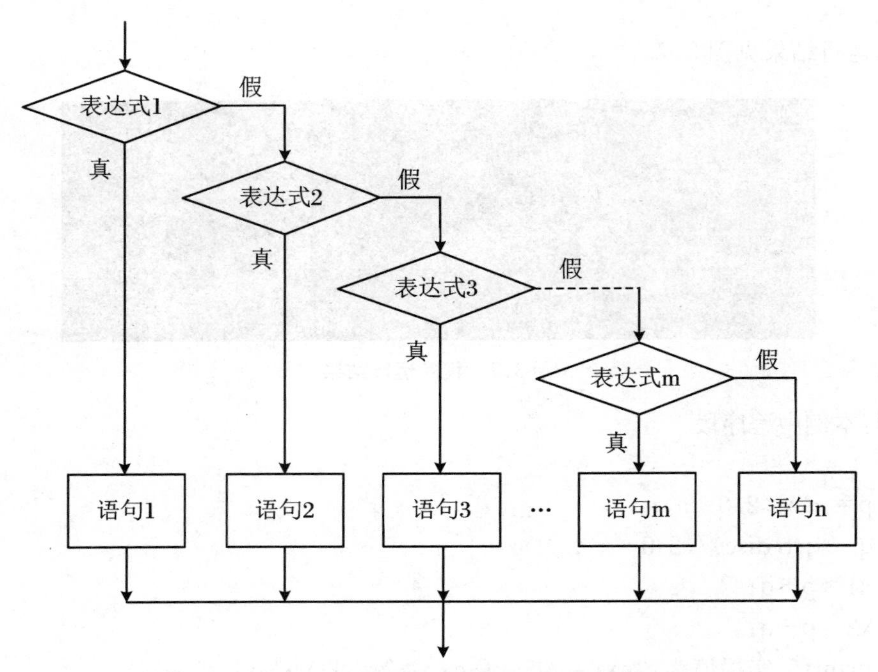

图 3.8 if 语句的多分支结构执行过程

例 3.6 要求判别键盘输入字符的类别。

程序实现:

```
#include"stdio.h"
int main()
{
    char c;
    printf("请输入一个字符:");
    c=getchar();
    if(c<32)
        printf("这是一个控制字符。\n");
    else if(c>='0'&& c<='9')
        printf("这是一个数字。\n");
    else if(c>='A'&& c<='Z')
        printf("这是一个大写字母。\n");
    else if(c>='a'&& c<='z')
        printf("这是一个小写字母。\n");
    else
        printf("这是一个其他字符。\n");
    return 0;
}
```

程序运行结果分别见图 3.9、图 3.10、图 3.11、图 3.12、图 3.13。

① 键盘输入换行符。

```
请输入一个字符：
这是一个控制字符。

--------------------------------
Process exited after 8.925 seconds with return value 0
请按任意键继续. . .
```

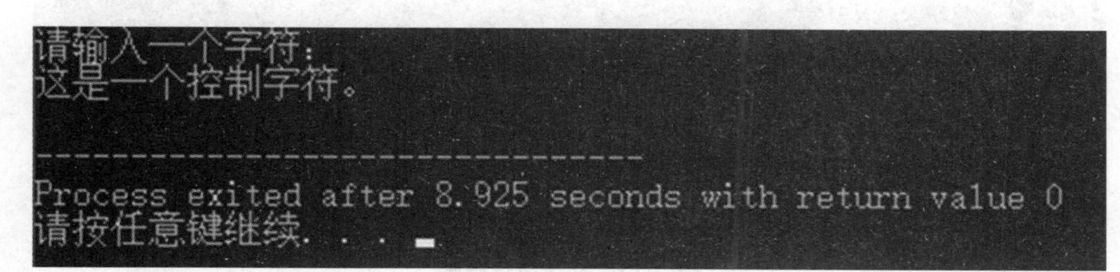

图 3.9　程序运行结果

② 键盘输入数字 6。

```
请输入一个字符：6
这是一个数字。

--------------------------------
Process exited after 10.02 seconds with return value 0
请按任意键继续. . .
```

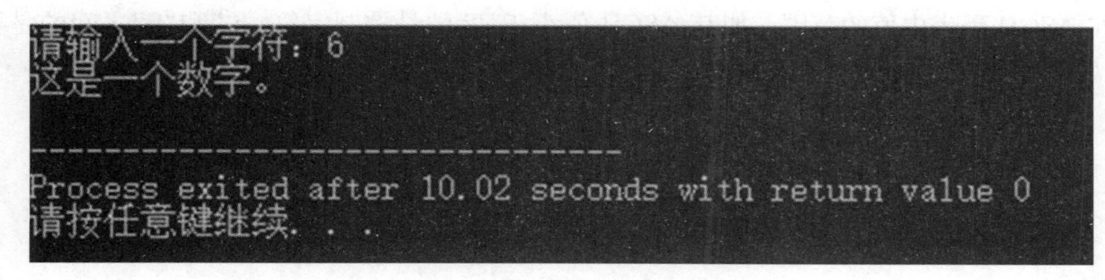

图 3.10　程序运行结果

③ 键盘输入大写字母 A。

```
请输入一个字符：A
这是一个大写字母。

--------------------------------
Process exited after 6.05 seconds with return value 0
请按任意键继续. . .
```

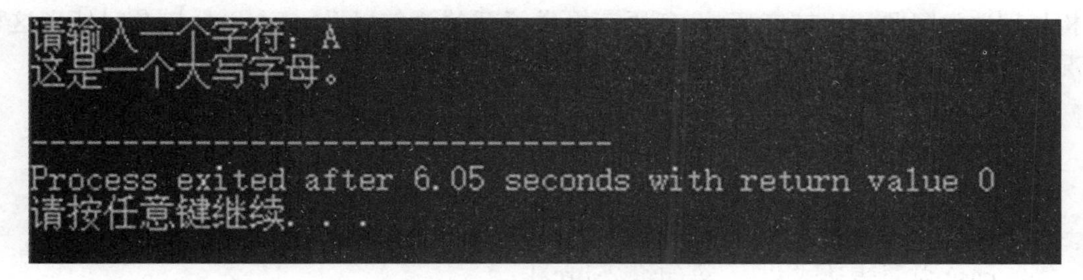

图 3.11　程序运行结果

④ 键盘输入小写字母 a。

```
请输入一个字符：a
这是一个小写字母。

--------------------------------
Process exited after 3.874 seconds with return value 0
请按任意键继续. . .
```

图 3.12　程序运行结果

⑤ 键盘输入空格。

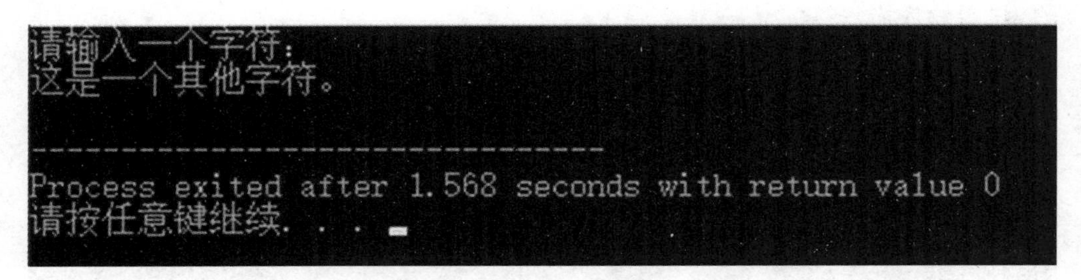

图 3.13　程序运行结果

说明:对照ASCII码表观察发现,不同类别字符在表中都有一个连续的取值范围。基于这个发现,本例对键盘输入字符的判断采用的方法是将其ASCII码值依次比对不同类别字符在ASCII码表中值的范围。如其ASCII值小于32的是控制字符,“0”和“9”之间的是数字,“A”和“Z”之间的是大写字母,“a”和“z”之间的是小写字母,其余则是其他字符。

知识点 3.4　switch　语　句

if语句的多分支结构适合用于多个不同条件判断的情况,如果条件判断表达式只有一个,那么它是常量表达式,其结果是一个常量值,不同值对应执行不同的C语句,多分支选择结构处理这类问题是比较麻烦的,C语言提供了开关语句以及switch语句专门处理这种情况。

一般形式为:

```
switch(表达式)
{
    case 常量表达式 1:   语句组 1;break;
    case 常量表达式 2:   语句组 2;break;
    ……
    case 常量表达式 n:   语句组 n;break;
    default :  语句组;break;
}
```

说明:E1…En是常量表达式1,…常量表达式n计算后得到的值。

计算表达式的值,并逐个与case后常量表达式1…常量表达式n分别计算得到的值E1…En相比较,当表达式的值与其中一个值相等时,执行其后的语句组和break语句,并跳出switch语句结构,如果没有值相等,则执行default后的语句组和break语句,并跳出switch语句结构,switch语句的执行结构见图3.14。

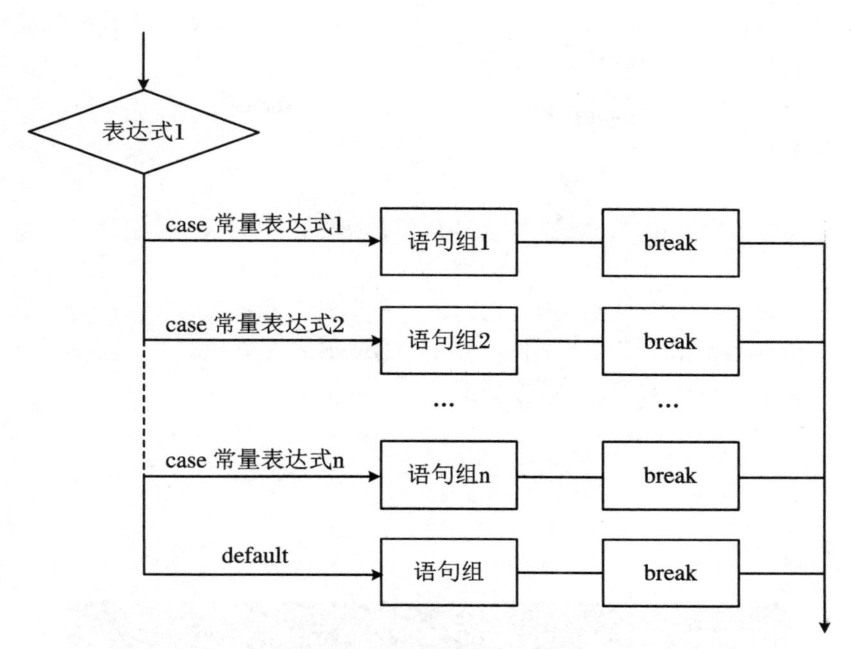

图 3.14 switch 语句执行结构

例3.7 键盘输入数字，执行输出文件操作菜单中数字对应内容（图3.15）。

```
文件操作菜单
* * * * * * * * * * * * * * * * *
*          1 打开文件           *
*          2 读取文件内容       *
*          3 内容写入文件       *
*          4 关闭文件           *
*          0 退出               *
* * * * * * * * * * * * * * * * *
请输入选择项：
```

图 3.15 操作菜单

程序实现：

```
#include"stdio.h"
int main()
{
    int num;
    printf("\n\t\t 文件操作菜单\n");
    printf("\t* * * * * * * * * * * * * * * * * * * * * * * * * * * * * * * *\n");
    printf("\t*\t1 打开文件      \t\t*\n");
    printf("\t*\t2 读取文件内容\t\t*\n");
    printf("\t*\t3 内容写入文件\t\t*\n");
    printf("\t*\t4 关闭文件      \t\t*\n");
    printf("\t*\t0 退出          \t\t*\n");
```

```
    printf("\t* * * * * * * * * * * * * * * * * * * * * * * * * * * *\n");
    printf("\t 请输入选择项:");
    scanf("%d",&num);
    switch(num)
    {
        case 1:printf("\n\t 文件已打开");break;
        case 2:printf("\n\t 文件内容已读取");break;
        case 3:printf("\n\t 内容已写入文件");break;
        case 4:printf("\n\t 文件已关闭");break;
        case 0:printf("\n\t 程序已退出");break;
    }
    return 0;
}
```

程序运行结果见图 3.16。

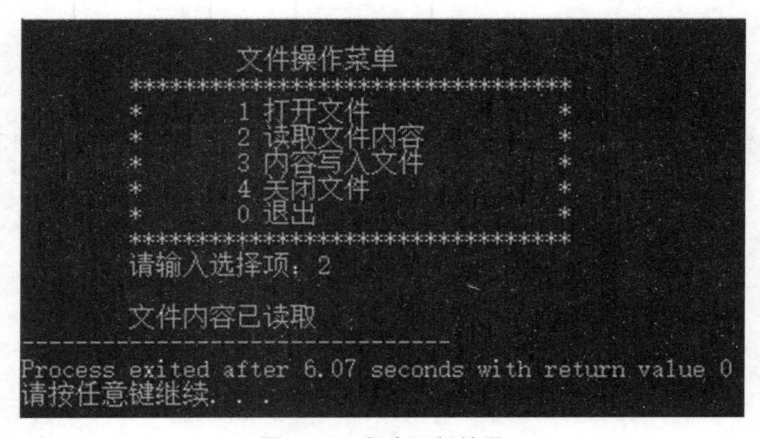

图 3.16 程序运行结果

注意：

(1) case 后的常量表达式的值不能相同，否则会出现错误。

(2) case 后，可以有多条语句。

(3) case 和 default 子句的先后顺序没有要求，顺序改变不会影响结果。

(4) default 子句可以省略。

(5) break 语句作用是跳出 switch 开关结构，如果不用，程序将从表达式的值和常量表达式的值相同位置后的语句组开始顺序执行，直到 switch 开关结构结束。

思考题：请将例 3.7 程序实现中 break 语句删除，看看执行结果有什么变化？

任务实施

任务 1：编写键盘输入两个任意整数并比较大小的程序，并回答问题。

1. 根据程序运行结果见图 3.17、图 3.18，编辑完善以下程序。

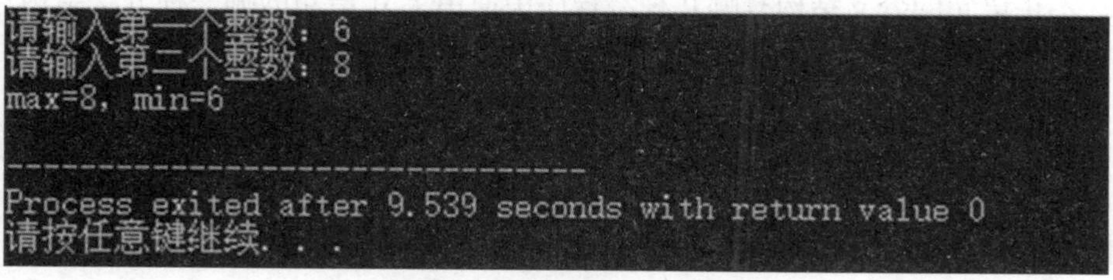

```
请输入第一个整数：6
请输入第二个整数：8
max=8, min=6

--------------------------------
Process exited after 9.539 seconds with return value 0
请按任意键继续. . .
```

图 3.17　程序运行结果 1

```
请输入第一个整数：8
请输入第二个整数：6
max=8, min=6

--------------------------------
Process exited after 3.682 seconds with return value 0
请按任意键继续. . .
```

图 3.18　程序运行结果 2

程序如下所示：

```
#include"stdio.h"
________________main()              //(1) 请在下划线处填写完善语句
{
    int a, b, max, min;
    printf("请输入第一个整数:");
    scanf("%d",&a);
    printf("请输入第二个整数:");
    scanf("%d",______________);     //(2) 请在下划线处填写完善语句
    if(______________)              //(3) 请在下划线处填写完善语句
    {
        max=a;
        min=b;
    }
    ____________________            //(4) 请在下划线处填写完善语句
    {
        max=b;
        min=a;
    }
    printf("max=%d,min=%d\n",max,min);
    return 0;
}
```

2. 回答问题。

问题1：请写出编译预处理命令#include"stdio.h"的另一种形式。

问题2:if语句的分支结构有哪几种？程序中使用了if语句的哪一种分支结构？

问题3:程序中出现了三对花括号,请问它们的用途各是什么？

任务2:完成知识准备中的两道思考题,并回答问题。

思考题1:请使用例3.4中条件表达式形式改写例3.2和例3.3的程序。

1. 请写出改写后的程序代码。

2. 请比较条件表达式和if语句双分支选择结构使用中的相同点和不同点？

3. 请简单说说条件判断表达式和条件表达式的区别？

思考题2:请将例3.7程序实现中break语句删除,看看执行结果有什么变化？

1. 请写出改写后的程序代码。

2. 请简要说明break语句在switch语句结构中的作用？

任务评价与考核表

学习任务 3　选择结构程序设计		综合评分：	
知识点掌握情况(50 分)			
序号	知识点	总分值	得分
1	选择结构程序设计	10	
2	条件判断表达式	10	
3	if 语句	20	
4	switch 语句	10	
任务完成情况(50 分)			
序号	任务内容	总分值	得分
1	任务 1：编写键盘输入两个任意整数并比较大小的程序，并回答问题	20	
2	任务 2：完成知识准备中的两道思考题，并回答问题	30	

任务测试练习题

单选题

1. 根据不同情况在程序实现上有_________种选择结构。

A. 1　　B. 3　　C. 5　　D. 7

2. 以下关系运算符中等于运算符是_________。

A. = =　　B. =　　C. = !　　D. &

3. _________是将多条 C 语句用花括号括起来，在使用时相当于一条 C 语句。

A. if 语句　　B. switch 语句　　C. 复杂语句　　D. 复合语句

4. switch 语句中条件判断表达式是_________。

A. 逻辑表达式　　B. 算术表达式　　C. 常量表达式　　D. 关系表达式

判断题

1. 选择结构是最简单、最基本的控制结构。(　　)

2. 条件判断表达式只能是关系表达式和逻辑表达式。(　　)

3. if 语句分支结构中只能有一条 C 语句。(　　)

4. switch 语句分支中可以使用多条 C 语句。(　　)

填空题

1. 选择结构根据不同应用情况主要分为单分支结构、__________分支结构和多分支结构。

2. 逻辑值“真”用整数_________表示。

3. ________表达式可以看作简单的双分支结构形式。

4. 一个分支执行结束时，使用________语句结束执行 switch 语句结构。

程序设计题

1. 输入一个学生成绩(成绩≤100分)，判断成绩等级并输出结果。

成绩等级标准：

90—100分　　优秀

80—89分　　良好

70—79分　　中等

60—69分　　及格

60分以下　　不及格

2. 编写出租车计价收费程序，并输出结果。

某城市普通出租车收费标准如下：起步里程为3公里，起步费10元；3公里以上、10公里以内的部分(包含10公里)，每公里2元；超过10公里以上的部分加收50%的空驶补贴费，即每公里3元。运价计费位数四舍五入，保留到整数。

3. 输入用户月薪，计算个人所得税并输出结果。

按月个人所得税税率表：

薪资范围在1—5000元的，税率为0%；

薪资范围在5001—8000元的，税率为3%；

薪资范围在8001—17000元的，税率为10%；

薪资范围在17001—30000元的，税率为20%；

薪资范围在30001—40000元的，税率为25%；

薪资范围在40001—60000元的，税率为30%；

薪资范围在60001—85000元的，税率为35%；

薪资范围在85000元以上的，税率为45%。

学习任务4　循环结构程序设计

学习目标

1. 掌握循环结构程序设计方法。
2. 掌握 for 语句的用法。
3. 掌握 while 语句的用法。
4. 掌握 do-while 语句的用法。
5. 掌握 continue 语句和 break 语句的用法。
6. 熟悉循环嵌套结构的用法。

知识准备

知识点 4.0　引　　例

引例　计算 1＋2＋3＋…＋10 的和。

程序实现：

```
#include "stdio.h"
int main()
{
    int sum=0;
    printf("\n1到10的累加求和:\n");
    sum=1+2+3+4+5+6+7+8+9+10;
    printf("1+2+3+…+10=%d", sum);
    return 0;
}
```

程序运行结果见图 4.1。

说明：引例是从 1 到 10 累加运算的例子，根据前面所学习的知识，采用了常量表达式来完成了算法，但是如果是从 1 到 100，从 1 到 10000 的累加运算，采用引例的算法形式显然是不合适的，这个问题的解决方式要用到本部分学习的内容——循环结构。

```
1到10+的累加求和:
1+2+3+...+10=55
--------------------------------
Process exited after 0.03684 seconds with return value 0
请按任意键继续. . .
```

图4.1　程序运行结果

知识点4.1　循环结构程序设计

循环结构是一种很重要的程序控制结构形式。循环结构包含三个要素:循环变量、循环体语句和循环终止条件。其特点是,在给定条件成立时(值为真),反复执行某程序段,直到条件不成立为止。给定的条件称为循环条件,反复执行的程序段称为循环体语句。C语言提供了多种循环语句结构。

(1) for语句:主要使用确定的循环次数控制循环体语句的执行。

(2) while语句:主要使用循环条件控制循环体语句的执行。

(3) do-while语句:先执行一次循环体语句,后判断循环条件控制循环体语句执行。

for、while、do-while三种语句可以用来处理同一问题,一般情况下它们可以互相转换使用。

知识点4.2　for　语　句

在C语言中,for语句的使用最为灵活,for语句主要用于循环次数已经确定的情况,也可用于循环次数不确定但给出循环结束条件的情况。

for语句的一般形式为:

for(表达式1;表达式2;表达式3)　　　　//循环体语句

for语句结构执行过程:

(1) 求解表达式1。

(2) 判断表达式2的值,若值为假(0),则结束循环,转到第(5)步;若值为真(非0),则执行for语句中循环体语句,然后执行第(3)步。

(3) 求解表达式3。

(4) 转到第(2) 步继续执行。

(5) 循环结束,执行for语句下面的一条语句。

for语句结构执行过程见图4.2。

for语句结构中,表达式1是一个赋值语句,用来给循环控制变量赋初值;表达式2为循环条件,一般是一个关系表达式,决定什么时候退出循环;表达式3为循环变量增量表达式，定义循环控制变量每循环一次后按什么方式变化。这三个部分之间用“;”分开。

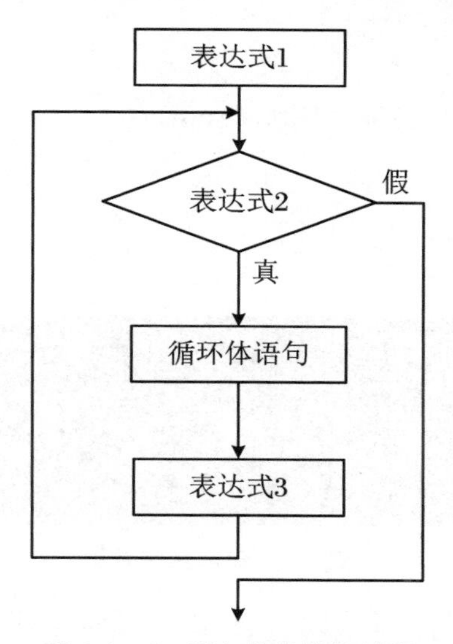

图 4.2　for 语句结构执行过程

例 4.1　使用 for 语句结构计算 1+2+3+⋯+100 的和。

题意分析：

(1) 这是一个数列求和的运算，是加法运算。

(2) 1,2,3,⋯,100 是一个公差为 1 的等差数列，如果设一个整型变量 i，赋初值 i=1，数列中各项值可使用公式 i=i+1(即 i++)顺序求值方式依次求得。

第 1 项　i=1　　　　　　　//i 为初值

第 2 项　i=i+1=1+1=2　　//表达式 i+1 中，i 值为初值 1，1 为公差

第 3 项　i=i+1=2+1=3　　//表达式 i+1 中，i 值为第 2 项值 2，1 为公差

……

第 100 项　i=i+1=99+1=100。

(3) 计算 1+2+3+⋯+100 的和，如果设每一次相加的值赋给整型变量 sum，赋初值 sum=0，从左到右进行加法运算过程可使用公式 sum=sum+i 依次运算求得。

第 1 次加　sum=sum+第 1 项 i 值=0+1=1　　//sum 为初值

第 2 次加　sum=sum+第 2 项 i 值=1+2=3　　//sum 为第 1 次加和

第 3 次加　sum=sum+第 3 项 i 值=3+3=6　　//sum 为第 2 次加和

……

第 100 次加　sum=sum+第 100 项 i 值=4950+100=5050

//sum 为第 99 次加和

(4) 数列使用公式 i++ 求得，同时累加使用公式 sum=sum+i 求结果。

程序实现：

```
#include "stdio.h"
int main()
{
    int i, sum=0;
```

```
    printf("\n使用 for 语句结构计算 1 到 100 的累加求和:\n");
    for(i=0; i<=100; i++)
        sum=sum+i;
    printf("1+2+3+…+100=%d", sum);
    return 0;
}
```

程序运行结果见图 4.3。

```
使用for语句结构计算1到100的累加求和:
1+2+3+...+100=5050
--------------------------------
Process exited after 0.036 seconds with return value 0
请按任意键继续. . .
```

图 4.3　程序运行结果

针对引例中算法使用中的问题,例 4.1 使用 for 语句结构进行了解决,比较两种程序实现形式,可以发现循环结构在完成有规律的重复操作的执行过程中有明显的优势。

知识点 4.3　while　语　句

while 语句的一般形式为:

```
    while(表达式)
{
    循环体语句;
}
```

while 语句结构执行过程:

(1) 判断表达式的值,若为假则结束循环,若为真(非 0)时执行循环体语句。

(2) 再次判断表达式的值,若为假则结束循环,若为真(非 0)时执行循环体语句,此操作反复执行,直至表达式的值为假,结束循环为止。

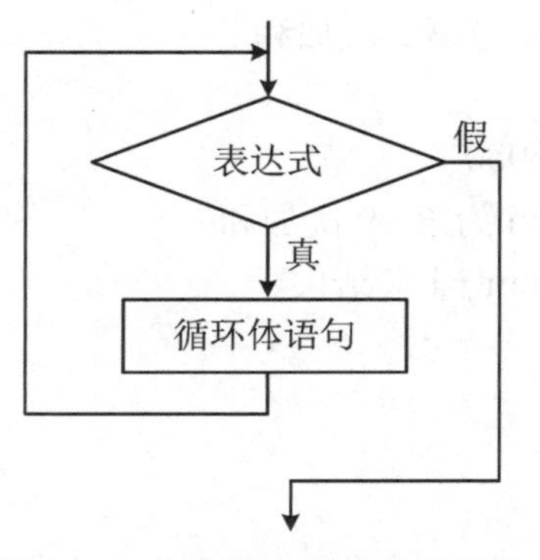

图 4.4　while 语句结构执行过程

说明:为保证循环过程在可控制范围内顺利结束,循环体语句中需包含条件控制语句,作用是调整 while 语句结构中条件判断表达式的值,使其值趋近并最终为假,从而结束循环,否则循环将一直执行,这种不会结束的循环称为死循环。

while 语句结构执行过程见图 4.4。

例 4.2　使用 while 语句结构计算 1+2+3+…+100 的和。

程序实现:

```
#include"stdio.h"
int main()
```

```
{
    int i,sum=0;
    i=1;
    printf("\n使用 while 语句结构计算 1 到 100 的累加求和:\n");
    while(i<=100)
      {
        sum=sum+i;
        i++;
      }
    printf("1+2+3+…+100=%d ",sum);
    return 0;
}
```

程序运行结果见图 4.5。

```
使用while语句结构计算1到100的累加求和:
1+2+3...+100=5050
--------------------------------
Process exited after 0.03056 seconds with return value 0
请按任意键继续. . .
```

图 4.5　程序运行结果

使用 while 语句结构应注意以下两点：

(1) while 语句结构中的表达式一般是关系表达式或逻辑表达式，只要表达式的值为真(非 0)，即可继续循环。

(2) 循环体语句如包括有一个以上的 C 语句，则必须用“{}”括起来，组成复合语句。

例 4.3　统计键盘输入一行字符的个数。

```
#include"stdio.h"
int main()
{
    int n=0;
    printf("\n请输入一个字符串:\n");
    while(getchar()!='\n') n++;
    printf("字符串中字符个数为:%d 个",n);
    return 0;
}
```

程序运行结果见图 4.6。

说明：程序中的循环条件为 getchar()!='\n'，其意义是只要不是回车符，将继续统计输入的字符串中字符个数。

```
请输入一个字符串:
C language
字符串中字符个数为: 10个
--------------------------------
Process exited after 128.1 seconds with return value 0
请按任意键继续. . .
```

图 4.6　程序运行结果

知识点 4.4　do-while　语　句

do-while 语句结构的一般形式为：

```
do
{
    循环体语句;
}
while(表达式);
```

说明：do-while 语句结构需要先执行一次循环体语句，然后再判断表达式的值是否为真，若为真，则继续执行循环体语句；若为假，则终止循环。因此，do-while 语句结构至少要执行一次循环体语句。do-while 语句结构执行过程见图 4.7。

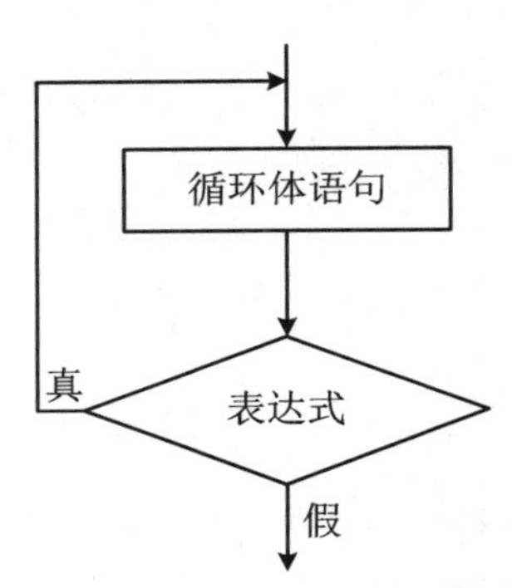

图 4.7　do-while 语句结构执行过程

例 4.4　使用 do-while 语句结构计算 1+2+3+…+100 的和。

程序实现：

```
#include"stdio.h"
int main()
{
    int i=1,sum=0;
    printf("\n使用 do-while 语句结构计算 1 到 100 的累加求和:\n");
    do
```

```
    {
        sum = sum + i;
        i++ ;
    }
    while(i< = 100);
    printf("1 + 2 + 3 + … + 100 = %d",sum);
    return 0;
}
```

程序运行结果见图4.8。

```
使用do-while语句结构计算1到100的累加求和:
1+2+3+...+100=5050
--------------------------------
Process exited after 0.03635 seconds with return value 0
请按任意键继续. . .
```

图4.8 程序运行结果

知识点4.5 循环嵌套结构

循环结构中又包含循环结构,称为循环嵌套。循环嵌套可以多层,如果只有两个循环结构嵌套,外层称为外循环,内层称为内循环。

使用循环嵌套时注意同一循环结构中不同层次循环结构需使用不同的循环控制变量,但并列层次的循环结构允许使用同名的循环变量。

例4.5 输出4*5的矩阵:

1	2	3	4	5
2	4	6	8	10
3	6	9	12	15
4	8	12	16	20

解题思路:

(1) 使用循环嵌套;

(2) 用外循环控制行;

(3) 用内循环控制列;

(4) 按矩阵的格式(每行5个数据)输出。

程序实现:

```
#include"stdio.h"
int main()
{
    int i,j,n = 0;
```

```
    printf("\n 输出矩阵为:\n");
    for (i=1;i<=4;i++)
        for (j=1;j<=5;j++,n++)
        {
        if (n%5==0)
            printf ("\n");
     printf ("%8d",i*j);
        }
    printf("\n");
    return 0;
}
```

程序运行结果见图 4.9。

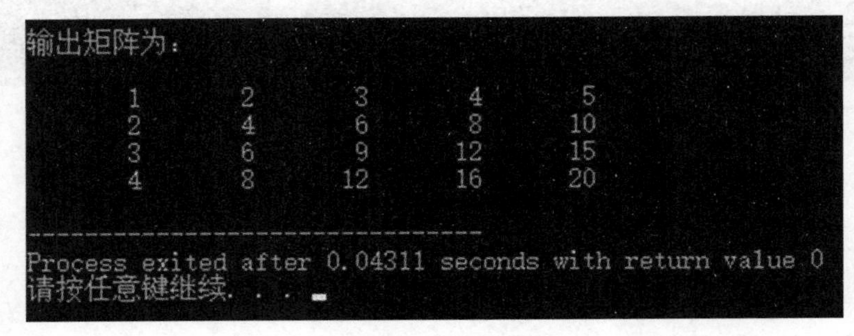

图 4.9 程序运行结果

知识点 4.6 break 语句和 continue 语句

4.6.1 break 语句

在循环结构中使用 break 语句的作用是结束本层循环,继续执行程序中语句。for 语句、while 语句和 do-while 语句结构中都可以使用 break 语句,break 语句通常与 if 语句结构组合应用,即满足条件时结束循环。

break 语句的一般形式:

```
if(表达式)
    break;
```

说明:break 语句一般作为循环体语句的一部分,若表达式的值为真,将终止所在层循环;若表达式的值为假,则不执行 break 语句。

例 4.6 在全系 1000 名学生中,征集慈善募捐,当总数达到 10 万元时结束,统计此时捐款的人数以及捐款额。

解题思路:

（1）向全系1000名学生募捐，因此循环次数最多1000次，使用for语句结构；
（2）统计捐款人数和捐款额；
（3）判断捐款额是否达到10万元，达到则终止循环，否则继续循环；
（4）循环结束，输出捐款人数和捐款额。

程序实现：

```
#include "stdio.h"
#define SUM 100000
int main()
{
    float amount,total;
    int i;
    for (i=1,total=0;i<=1000;i++)
    {
        printf("请第%d位同学输入您的捐款数额:",i);
        scanf("%f",&amount);
        total=total+amount;
        if(total>=SUM) break;
    }
    printf("实际捐款人数:%d人\n捐款额:%.2f元\n",i,total);
    return 0;
}
```

程序运行结果见图4.10。

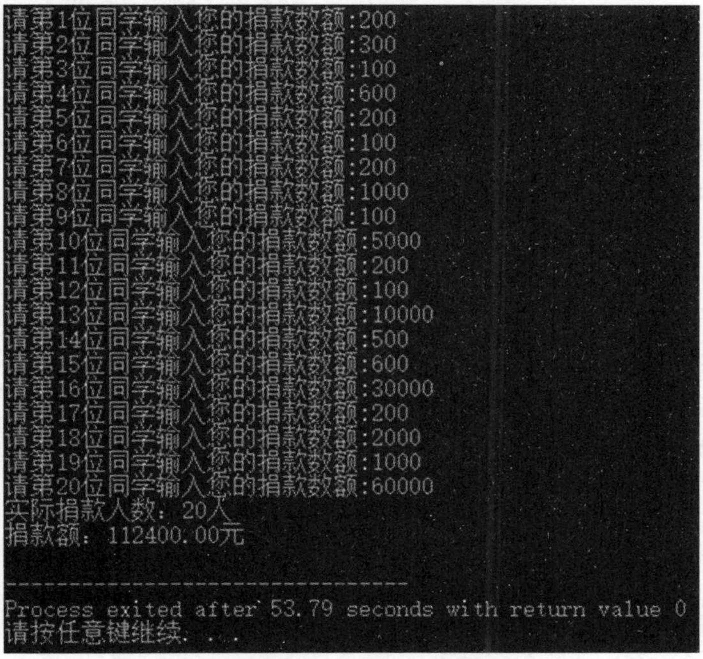

```
请第1位同学输入您的捐款数额:200
请第2位同学输入您的捐款数额:300
请第3位同学输入您的捐款数额:100
请第4位同学输入您的捐款数额:600
请第5位同学输入您的捐款数额:200
请第6位同学输入您的捐款数额:100
请第7位同学输入您的捐款数额:200
请第8位同学输入您的捐款数额:1000
请第9位同学输入您的捐款数额:100
请第10位同学输入您的捐款数额:5000
请第11位同学输入您的捐款数额:200
请第12位同学输入您的捐款数额:100
请第13位同学输入您的捐款数额:10000
请第14位同学输入您的捐款数额:500
请第15位同学输入您的捐款数额:600
请第16位同学输入您的捐款数额:30000
请第17位同学输入您的捐款数额:200
请第18位同学输入您的捐款数额:2000
请第19位同学输入您的捐款数额:1000
请第20位同学输入您的捐款数额:60000
实际捐款人数: 20人
捐款额: 112400.00元

--------------------------------
Process exited after 53.79 seconds with return value 0
请按任意键继续. . .
```

图4.10　程序运行结果

4.6.2 continue 语句

在循环结构中使用 continue 语句的作用是结束本层本次循环，然后返回，判断本层循环中条件判断表达式的值，若为真，则继续执行循环体语句；若为假，则结束循环。同样，for 语句、while 语句和 do-while 语句结构中都可以使用 continue 语句，continue 语句通常与 if 语句结构组合应用，即满足条件时执行 continue 操作。

continue 语句的一般形式：

```
if(表达式)
    continue;
```

说明：continue 语句一般作为循环体语句的一部分，若表达式的值为真，将终止所在层本次循环，返回重新判断本层循环中条件判断表达式的值；若表达式的值为假，则不执行 continue 语句。

例 4.7 要求输出 100—200 之间的不能被 3 整除的数。

程序实现：

```
#include "stdio.h"
int main()
{
    int n,num=0;
    for(n=100;n<=200;n++)
    {
        if (n%3==0)
            continue;
        num++;
        printf("%5d",n);
        if(num%10==0)
            printf("\n");
    }
    printf("\n共有%d个数。",num);
    return 0;
}
```

程序运行结果见图 4.11。

```
 100  101  103  104  106  107  109  110  112  113
 115  116  118  119  121  122  124  125  127  128
 130  131  133  134  136  137  139  140  142  143
 145  146  148  149  151  152  154  155  157  158
 160  161  163  164  166  167  169  170  172  173
 175  176  178  179  181  182  184  185  187  188
 190  191  193  194  196  197  199  200
共有68个数。
--------------------------------
Process exited after 0.05394 seconds with return value 0
请按任意键继续. . .
```

图 4.11　程序运行结果

任务实施

任务 1:请根据公式编写程序求 π 值(前 20 项),公式为:$\frac{\pi}{4}=1-\frac{1}{3}+\frac{1}{5}-\frac{1}{7}+\cdots$

任务 2:编写程序输出九九乘法表。

任务评价与考核表

学习任务4　循环结构程序设计		综合评分：	
知识点掌握情况(70分)			
序号	知识点	总分值	得分
1	循环结构程序设计	10	
2	for语句	15	
3	while语句	15	
4	do-while语句	10	
5	循环嵌套结构	10	
6	break语句和continue语句	10	
任务完成情况(30分)			
序号	任务内容	总分值	得分
1	任务1:请根据公式编写程序求π值(前20项)	15	
2	任务2:编写程序输出九九乘法表	15	

任务测试练习题

选择题

1. __________语句结构主要使用确定的循环次数控制循环体语句的执行。

A. for　　B. while　　C. do-while　　D. 以上都不对

2. for语句结构中三个表达式之间用__________分开。

A. 分号　　B. 逗号　　C. 双引号　　D. 冒号

3. while语句结构中循环条件判断表达式的值一直为真,这种情况称为__________。

A. 真循环　　B. 假循环　　C. 活循环　　D. 死循环

4. do-while语句结构中条件判断表达式后需要添加__________。

A. 空格　　B. 分号　　C. 冒号　　D. 句号

5. 循环结构中又包含循环结构,称为__________。

A. 循环添加　　B. 循环包含　　C. 循环嵌套　　D. 循环重复

6. 在循环结构中,__________语句通常与if语句结构组合应用,即满足条件时结束循环。

A. continue　　B. break　　C. switch　　D. for

判断题

1. while语句结构是先执行一次循环体语句,后判断循环条件控制循环体语句执行。(　　)

2. for语句结构中表达式1一般为赋值语句。(　　)

3．while 语句结构中循环体语句需包含条件控制语句，其作用是调整条件判断表达式的值，使其值趋近并最终为假，从而结束循环。（　　）

4．使用条件判断控制循环过程的程序结构中，do-while 语句和 while 语句功能是一样的，并可以相互转换使用。（　　）

5．使用循环嵌套时注意同一循环中不同层次循环结构需使用不同的循环控制变量，但并列层次的循环结构允许使用同名的循环变量。（　　）

6．在循环结构中使用 break 语句的作用是结束本层循环。（　　）

填空题

1．循环结构包含三个要素：循环变量、__________语句和循环终止条件。

2．for 语句循环条件为__________（填写逻辑值）时，循环结束。

3．while 语句结构中的条件判断表达式一般是__________表达式或逻辑表达式。

4．do-while 语句结构在执行条件判断表达式之前，需要先执行__________次循环体语句。

5．循环嵌套可以多层，如果只有两个循环结构嵌套，外层称为外循环，内层称为__________循环。

6．在循环结构中使用__________语句的作用是结束本层本次循环。

程序设计题

1．编写程序：输出 100 至 200 间的全部素数。

2．编写程序：按顺序输入 10 名学生 4 门课程的成绩，计算出每位学生的平均分并输出。

学习任务5　模块化程序设计

学习目标

1. 了解C语言模块化程序设计的特点和用途。
2. 熟悉C语言函数的概念。
3. 掌握自定义函数的定义、声明。
4. 掌握自定义函数的嵌套、递归调用。
5. 熟悉全局变量和局部变量。
6. 掌握自定义函数的应用。

知识准备

知识点5.0　引　　例

引例　使用基本控制结构方法编写程序求1!+3!+5!的值。

解题思路：

(1) 求1!的值；

(2) 求3!的值，求1!+3!的和；

(3) 求5!的值，求1!+3!+5!的和；

(4) 输出求和的结果。

程序实现：

```
#include "stdio.h"
int main()
{
    int sum=0, f,i;
    f=1;
    printf("\n基本控制结构方法实现:\n");
    for (i=1;i<=1;i++)          //第1次循环求1!
        f=f*i;
```

```
        sum = sum + f;
        f = 1;
        for (i = 1;i< = 3;i ++ )        //第 2 次循环求 3!
            f = f * i;
        sum = sum + f;
        f = 1;
        for (i = 1;i< = 5;i ++ )        //第 3 次循环求 5!
            f = f * i;
        sum = sum + f;
        printf("1! + 3! + 5! = %d",sum);
        return 0;
}
```

程序运行结果见图 5.1。

```
基本控制结构方法实现:
1!+3!+5!=127
--------------------------------
Process exited after 0.02842 seconds with return value 0
请按任意键继续. . .
```

图 5.1　程序运行结果

说明:程序编写采用了基本控制结构方法,依次求 1!、3! 和 5! 的值,累加得到结果。经观察 1!、3! 和 5! 的算法实现发现,其程序段语句相似,功能相同,如果将累加值扩展到 7!,还要采用相似的程序段实现求值,这种功能相同的程序段在一个程序编写过程中反复出现,显然不是最优的程序编写方式,如何能更好地解决这个问题,实现具有相同功能的程序段的复用,模块化程序设计方法的学习将给出解决方案。

知识点 5.1　函数基础知识

5.1.1　模块化程序设计的概念

1. 模块与函数

"积木"是生活中常见的玩具,可以根据想象和需要搭建各种各样的房屋,C 语言程序也如同积木一样,也可以通过一种叫"函数"的模块组合构建解决问题的程序小屋,C 语言是一种函数式编程,也是一种函数式语言。C 语言函数和模块结构见图 5.2。

2. 函数的分类

在 C 语言中函数分为:主函数、库函数和自定义函数,C 程序是函数的集合体,每个函数是一个独立的程序模块。

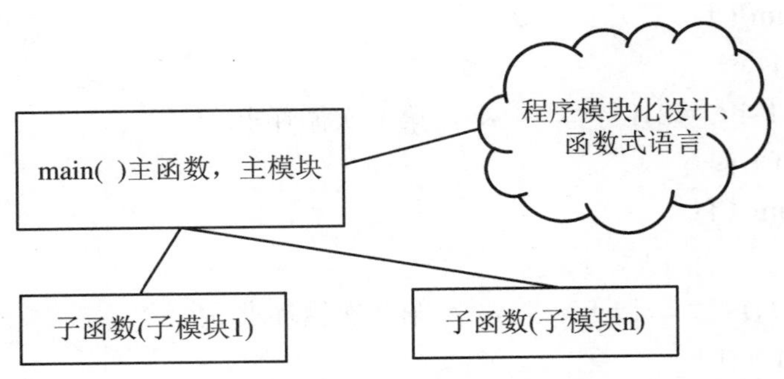

图 5.2 C语言的函数和模块结构

(1) 主函数：即 main()函数，main()函数是 C 程序的核心，有且仅有一个，C 语言程序的执行过程从 main()函数开始，也是从 main()函数结束。

(2) 库函数：由 C 语言系统提供，用户可在编译预处理命令中申明库函数的头文件后直接调用。

(3) 自定义函数：用户按照一定格式自行编写的实现某种功能的函数。

5.1.2 自定义函数基础知识

1. 函数的定义

C 语言中自定义函数的使用需要预先定义，自定义函数的一般格式：

```
[函数类型] 函数名([形式参数列表])
{
    语句组
    [return 语句;]
}
```

说明：

(1) 函数类型：函数返回值的类型。若函数没有返回值，可设定函数类型为 void。函数类型省略时默认为 int 类型。

(2) 函数名：用于标记函数的标识符。一个程序中不允许出现同名的函数，函数名不可省略！

(3) 形式参数列表：用来说明形式参数的类型和名称，自定义函数可以没有形式参数，但"()"不能省略！

(4) 函数体：函数体由大括号"{ }"括起来，函数体有两个组成部分，即语句组和 return 语句，语句组包含有变量声明和算法语句，函数的功能是通过算法语句来实现的；return 语句是可选项，当函数有返回值的时候，则必须有 return 子句，没有返回值时，return 语句可以省略。函数体的"{ }"不能省略！

下面定义一个求三个数最大值的函数，定义如下：

```
int max3(int x,int y,int z)
{
    int max;
```

```
    if (x>y)
        max = x;
    else
        max = y;
    if (max<z)
        max = z;
    return(max);
}
```

函数定义时应注意的问题：

(1) 定义函数时，其形参类型必须一对一声明，如：(int x, int y,int z)不能写成(int x, y,z)。

(2) 函数的定义不能嵌套，函数的定义是独立的，即不允许在一个函数体内再定义另一个函数。

(3) void类型函数又称空类型函数，表示该函数没有返回值。函数若有返回值，则必须通过return语句将返回值带回到主调函数位置。

2. 函数的声明和调用

如果在程序中使用自定义函数，需要对该函数声明，声明的格式：

[函数类型] 函数名([形式参数列表]);//函数声明是C语句，分号不可少

函数声明的主要作用是告知编译系统，该自定义函数在主调函数之后出现，在程序中存在，并将调用此函数，例如在主函数中调用上述定义的max3()函数，则需要在主函数中声明该函数，如下所示：

```
#include "stdio.h"
int main()
{
    int a,b,c,max;
    int max3(int x,int y,int z);      //函数的声明
    scanf("%d,%d,%d",&a,&b,&c);
    max = max3(a,b,c);                //自定义函数的调用
    printf("max = %d\n",max);
    return 0;
}
```

注意：

(1) C语言规定如果被调用的自定义函数位置在主调函数之前，则自定义函数不需要声明，如果在其之后则调用之前必须声明。

(2) 注意区分自定义函数的定义格式和自定义函数声明语句。

3. 主调函数和自定义函数间参数传递

(1) 函数参数分类

函数的参数分为两种类型：

① 形式参数(形参)，自定义函数用来接收数据的参数。

② 实际参数(实参)，主调函数中用于向形参传递数据的参数。

例如：

```
int addtwo(int x,int y)                //自定义函数 addtwo()
{
      int s;
      s = x + y;
      return s;
}
```

上述自定义函数 addtwo()中的变量 x 和 y 是形式参数。

```
#include "stdio.h"                    //主调函数形式 1
int main( )
{
      int a,b;
      int addtwo(int x,int y) ;       //函数声明
      printf("请输入数 a 和 b= ");
      scanf("%d,%d",&a,&b);
      printf("%d + %d = %d",a,b,addtwo(a,b));
                                      //addtwo(a,b)是主调函数,其中 a,b 为实参
      return 0;
}
#include "stdio.h"                    //主调函数形式 2
int main()
      {
      int a,b;
      int s;
      int addtwo(int x,int y) ;
      printf("请输入数 a 和 b= ");
      scanf("%d,%d",&a,&b);
      s = addtwo(a,b);                //addtwo(a,b)是主调函数,其中 a,b 为实参
      printf("%d + %d = %d",a,b,s);
      return 0;
}
```

(2) 参数传递

自定义函数定义后可以在程序中被调用,调用时存在参数传递问题,函数的参数传递有以下规则:

① 无参函数直接调用,不存在函数参数的传递。

② 有参函数调用时存在参数传递,即主调函数的实参值传递给对应的自定义函数的形参。

例 5.1　使用模块化程序设计方法编写程序求 1! + 3! + 5! 的值。

程序实现:

```
#include "stdio.h"
int jiecheng(int n)                    //自定义函数 jiecheng
{
    int i,f=1;
    for (i=1;i<=n;i++)                 //求阶乘值
        f=f*i;
    return f;
}
int main()
{
    int i,sum=0;
    printf("\n 模块化程序设计方法实现:\n");
    for(i=1;i<=5;i=i+2)
        sum=sum+jiecheng(i);
    printf("1! +3! +5! =%d",sum);
    return 0;
}
```

程序运行结果见图5.3。

```
模块化程序设计方法实现:
1!+3!+5!=127
--------------------------------
Process exited after 0.03234 seconds with return value 0
请按任意键继续. . .
```

图5.3　程序运行结果

知识点5.2　函数的嵌套与递归

在C程序中,自定义函数之间的关系是平行的,允许函数间嵌套调用。

5.2.1　函数的嵌套调用

C程序中,允许在一个函数中调用另一个函数。当被调用函数的程序执行过程中又包含了对第三个函数的调用,这就构成了函数的嵌套调用。

函数的嵌套调用过程见图5.4。

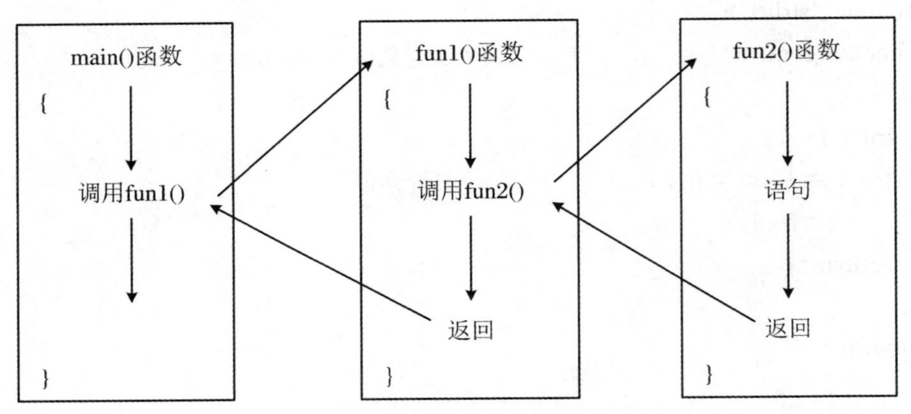

图 5.4 函数的嵌套调用过程

例5.2 使用嵌套调用方法求 1! +2! +3! +4! +5!。

程序实现：

```
#include "stdio.h"
long addjiecheng(long n);
long jiecheng(long k);
int main()                          //主函数
{
    long sum=0;
        sum=addjiecheng(5);         //求1! +2! +3! +4! +5!
        printf("1! +2! +3! +4! +5! = %ld",sum);
    return 0;
}
long addjiecheng(long n)            //自定义函数求阶乘的和
{
    long sum=0;
    for(int i=1;i<=n;i++)
    {
        sum=sum+jiecheng(i);        //嵌套调用
    }
    return sum;
    }
long jiecheng(long k)               //自定义函数求阶乘
{
    long s=1;
    for(int j=1;j<=k;j++)
    {
        s=s*j;
    }
```

```
    return s;
}
```

程序运行结果见图5.5。

```
1!+2!+3!+4!+5!=153
--------------------------------
Process exited after 0.9381 seconds with return value 0
请按任意键继续. . .
```

图5.5　程序运行结果

5.2.2　函数的递归调用

函数的递归调用,通俗的说法就是“自己调用自己”,即主调函数和被调函数是同一个自定义函数,主要有两种情况:

(1) 直接调用函数本身。

(2) 间接调用函数本身。

例5.3　定义函数jiecheng(),使用函数的递归调用方法求一个正整数的阶乘。

程序实现:

```
#include "stdio.h"
int main()                          //主函数
{
    int jiecheng(int n);            //函数的声明
    int n;
    long s;
    printf("输入一个正整数n=");
    scanf("%d",&n);
    s=jiecheng(n);                  //调用自定义函数jiecheng()
    printf("\n%d的阶乘=%ld\n",n,s);
    return 0;
}
int jiecheng(int n)                 //自定义函数jiecheng()
{
    long s;
    if(n==0 || n==1)
        s=1;
    else
        s=n*jiecheng(n-1);          //递归调用函数
    return s;
}
```

程序运行结果见图5.6。

```
输入一个正整数n=6

6的阶乘=720

--------------------------------
Process exited after 3.252 seconds with return value 0
请按任意键继续. . .
```

图 5.6 程序运行结果

自定义函数 jiecheng()的功能是求一个正整数的阶乘，在函数体中通过调用函数本身求解，这是函数嵌套的特殊形式。

注意函数的递归调用要有收敛条件，jiecheng()函数递归的收敛条件是：if(n==0 || n==1)，如果没有收敛条件，函数将会出错或者形成死循环。

知识点 5.3 变量的作用域与存储

变量的作用域是指变量在程序中的有效作用范围，也就是作用空间。C 语言中，根据变量的作用域不同，变量划分为全局变量和局部变量。

5.3.1 局部变量

C 语言规定，在函数内部或者在一个复合语句中定义的变量称为局部变量，局部变量的作用范围是固定的，局部变量使用规则如下：

(1) 局部变量的作用域仅限于定义变量的函数或者复合语句范围之内。

(2) 不同函数中同名的局部变量，互相独立、互不影响，且占用不同内存单元。

(3) 局部变量只存在于定义它的函数运行过程中，一旦退出该函数，局部变量则消失。

例 5.4 局部变量的用法。

程序实现：

```
#include "stdio.h"
int main()
{
    int x=100,y=100 ; //作用范围是整个 main()函数
    while (y<=100)
    {
        int x;              //复合语句中的同名局部变量 x
        printf("请输入 x 值:");
        scanf("%d",&x);
        printf("①while 复合语句中的 x=%d\n",x);
        y++;
    }
```

```
    printf("②作用范围为整个 main()函数的:\nx = %d, y = %d\n",x,y);
    return 0;
}
```

程序运行结果见图5.7。

```
请输入x值: 200
①while复合语句中的x=200
②作用范围为整个main()函数的:
x=100, y=101

--------------------------------
Process exited after 19.66 seconds with return value 0
请按任意键继续. . .
```

图5.7　程序运行结果

例5.4中有3个局部变量,即作用于整个main()函数的局部变量x和y和仅作用于while语句结构的局部变量x,从运行结果看两个局部变量x的作用范围不同,相互独立,因此输出值是不同的。

5.3.2　全局变量

广义上全局变量作用范围为整个项目或者工程,在C语言中,一般来说在函数之外定义的变量均称之为全局变量,所以全局变量也称为外部变量,其有效范围从定义位置开始到该源程序或者项目结束。整数类型的全局变量通常默认初值为0。一般来说全局变量在程序的前端定义。

例5.5　全局变量的用法。

程序实现:

```
#include "stdio.h"
int  x,y;                          //全局变量
int main()
{
    int addxy(int x,int y);        //函数声明,x,y是局部变量
    int z;                         //局部变量
    x=20;                          //全局变量
    y=30;                          //全局变量
    z=addxy(x,y);                  //调用函数,x,y是全局变量,参数传递
    printf("z=%d\n",z);            //输出结果
    return 0;
}
int addxy(int a,int b)             //定义一个求和函数
{
    int z;
```

```
    z=a+b;                    //局部变量
    z=z+x+y;                  //x,y全局变量
    return z;
}
```

程序运行结果见图5.8。

```
z=100

--------------------------------
Process exited after 0.8578 seconds with return value 0
请按任意键继续. . .
```

图5.8 程序运行结果

例5.5中,全局变量x,y的作用范围已经跨越main()函数和自定义函数,即在整个程序中有效。在程序中全局变量和局部变量可以同名,但在一个函数中当局部变量与全局变量同名的时候,局部变量将被优先使用,举例如下:

例5.6 全局变量和局部变量的关系。

```
#include "stdio.h"
int  x=20,y=30;               //全局变量
int main()
{
    int addxy(int x,int y);   //x,y是局部变量
    int x,y,z;                //在main()函数中定义局部变量
    x=40;                     //局部变量优先级大于全局变量
    y=50;                     //局部变量优先级大于全局变量
    z=addxy(x,y);             //传递的实参分别为40和50
    printf("z=%d\n",z);
    return 0;
}
int addxy(int a,int b )
{
    int z;
    z=a+b;                    //局部变量
    z=z+x+y;                  //这里x和y是全局变量的值,分别为20和30
    return z;
}
```

程序运行结果见图5.9。

例5.6中,外部定义了变量x,y是全局变量,在主函数main()定义了局部变量x和y,主函数的x和y优先级高于全局变量;在自定义函数addxy()中,由于没有定义局部变量x和y,所以x和y取的是全局变量的值,所以运算结果为z=40+50+20+30=140。全局变量和局部变量同名的情况,对于初学者要尽量避免,否则容易造成混淆。

图 5.9　程序运行结果

关于全局变量的知识点，归纳如下：

(1) 全局变量的作用域是从定义位置开始至本源程序结束。

(2) 同一源程序中，局部变量与全局变量同名的时候，在局部变量作用的范围内，优先级高于全局变量。

(3) 全局变量在程序执行过程中始终占用存储单元。

(4) 全局变量降低了函数的独立性、通用性、可靠性及可移植性。

(5) 全局变量降低了程序清晰性，容易出错。

(6) 尽量少使用全局变量。

5.3.3　变量的存储类型

C语言中，每一个变量有2个属性：数据类型和数据存储类型。数据类型决定了数据在内存中存储空间大小，数据存储类型是指数据在内存中的存储方式。存储方式分为两大类：静态存储和动态存储。具体包含四小类：

(1) 自动型(auto)。

(2) 静态型(static)。

(3) 寄存器型(register)。

(4) 外部型(extern)。

内存中供用户使用的存储空间可以划分以下2种情况：

(1) 程序区：存放可执行程序的机器指令(程序)。

(2) 数据区：又分为动态存储区和静态存储区，静态存储区存放程序运行过程中需要占用固定存储单元的变量，如全局变量；动态存储区存放在程序运行过程中，需要动态分配内存的变量，如形参、局部变量。

在C程序运行期间，所有的变量无论是全局变量还是局部变量均需占用存储空间。

1. 变量的完整语法格式

完整格式如下：

[存储类型] 数据类型　变量名=[初值]

其中，[]为可选项，例如 static float a,b,c;定义了三个静态的浮点型变量a,b和c，这里static含义是静态的，即存储类型为静态的。

2. 变量的存储类型

C语言中，变量的存储类型一共有4种形式，具体见表5.1。

表 5.1　变量的存储类型

存储类型	关键字	存储位置
自动型	auto	内存的动态存储区
寄存器型	register	CPU 的寄存器中
静态型	static	内存的静态存储区
外部型	extern	内存的静态存储区

任务实施

任务 1：使用自定义函数实现两位浮点数加法的算法，完成下面的程序填空并回答问题。

程序实现：

```
#include"stdio.h"
int main()                                              //主函数
{
    float addtwonumber(____①____);                      //自定义函数声明
    float a,b,c;
    printf("请输入两个浮点数:\n");
    scanf("%f%f",&a,&b);
    c=addtwonumber(____②____);                          //调用自定义函数求 a 和 b 的和
    printf("%f+%f=%f\n",____③____);                     //输出 a,b,c 的值
    printf("%.2f+%.2f=%.2f\n",____④____);               //输出 a,b,c 的值
    return 0;
}
float addtwonumber(float x,float y)                     //自定义函数
{
    float z;
    z=x+y;
    return z;
}
```

程序运行结果参考图 5.10。

```
请输入两个浮点数:
21.567
30.58
21.566999 + 30.580000 = 52.146999
21.57 + 30.58 = 52.15
```

图 5.10　程序运行结果参考

问题 1：程序的运行结果是否一致，如果不一致请说明不一致原因。

问题2:在C语言中,自定义函数由哪两部分构成?

问题3:上述程序中,形式参数是____________,实际参数是____________。

任务2:使用自定义函数编写程序输出三角形星号(*)图(图5.11),并回答问题。

1. 设行数为n,根据下图,每行星号的个数=____①____,自定义函数starbmp()输出如图所示:

图5.11　三角形星号图

2. 使用自定义函数编写一个设定行数的星号图函数,并完成下面的程序填空。

```
#include "stdio.h"
void starbmp(int n)                    //自定义函数starbmp
{
    int i,j;
    for(i=0;i<n;i++)
    {
        for(j=n-i;j>=0;j--)            //确定空格数量
            printf(" ");
        for(j=1;j<=i*2+1;j++)          //确定每一行星号数量
            printf("*");
        printf("____①____");           //换行
    }
}
```

```
int main()                                    //主函数
{
    int k;
    printf("请输入星号组成的图案行数 n=");
    scanf("%d",&k);
______②______                                 //调用 starbmp()函数
return 0;
}
```

运行结果示例见图 5.12。

图 5.12　运行结果示例

3. 请保存程序,进行编译和链接,运行后请将运行结果与上图结果进行比对,并回答问题。

问题 1:在上述星号图程序中,每一行的星号数量是如何确定的?

问题 2:上述程序中,形式参数是__________________,实际参数是______________。

任务 3:编写函数逆序输出整数 n(n>=0)。例如 n=6789,输出:9876。

1. 阅读逆序输出整数的函数,按照要求填空。

```
#include "stdio.h"
int main()
{
    long n;
    void reverse (long n) ;
    printf("请输入一个正整数 n=");
```

```
    scanf("%ld",&n);
    ______①______                    //调用函数
    return 0;
}
void reverse (long n)
{
    if(0<=n && n<=9)
        printf ("%ld", n);
    else
    {
        printf ("%ld", n%10);        //输出个位
          reverse (______②______);   //递归调用
    }
}
```

2. 根据第1部分完成的函数,回答问题。

问题1:什么是函数的递归调用?

问题2:如果不使用函数的递归调用,该函数应该如何编写?

任务评价与考核表

学习任务5　模块化程序设计			综合评分:
知识点掌握情况(50分)			
序号	知识点	总分值	得分
1	函数基础知识	20	
2	函数的嵌套与递归	15	
3	变量的作用域与存储	15	

续表

学习任务5 模块化程序设计		综合评分：	
任务完成情况(50分)			
序号	任务内容	总分值	得分
1	任务1:使用自定义函数实现两位浮点数加法的算法,完成程序填空并回答问题	15	
2	任务2:使用自定义函数编写程序输出三角形星号(*)图,并回答问题	15	
3	任务3:编写函数逆序输出整数n(n>=0)。例如n=6789,输出:9876	20	

任务测试练习题

单选题

1. 一个C程序的执行是从________。

A. main()函数开始,直到main()函数结束

B. 第一个函数开始,直到最后一个函数结束

C. 第一个函数开始,直到最后一个语句结束

D. 第一个语句开始,直到最后一个函数结束

2. 在C程序中,自定义函数之间的关系是________的,允许函数间嵌套调用。

A. 有主次　　B. 调用和被调用　　C. 平行　　D. 先后

3. 变量的________是指变量在程序中的有效作用范围,也就是作用空间。

A. 定义　　B. 作用域　　C. 类型　　D. 有效性

4. 关于函数的定义,下列说法错误的是________。

A. 返回值类型用于限定函数返回值的数据类型

B. 参数类型用于限定函数调用时传入的参数的数据类型

C. return关键字用于返回函数的返回值

D. return关键字不可以省略

5. 在函数调用时,以下说法正确的是________。

A. 函数调用后一定有返回值

B. 实际参数和形式参数可以同名

C. 函数间的数据传递不可以使用全局变量

D. 主调函数和被调函数总是在同一个文件里

6. 以下正确的函数定义形式是________。

A. double fun(int x,int y)

B. double fun(int x;int y)

C. double fun(int x,y)

D. double fun(int x:y)

判断题

1．一个 C 程序中允许出现同名的自定义函数。（　　）

2．递归调用是函数嵌套的特殊形式。（　　）

3．一个 C 程序中不同函数内同名的局部变量，互相独立、互不影响，且占用不同内存单元。（　　）

4．C 程序中，在函数内部定义的变量称为全局变量。（　　）

5．C 程序中，有些自定义函数使用前可以不声明，但一定要定义。（　　）

6．在函数内部用 static 声明的变量为静态局部变量。（　　）

7．函数返回值的类型是由在定义函数时所指定的函数类型决定的。（　　）

填空题

1．函数类型省略时默认为__________类型。

2．递归调用主要有两种情况：直接调用函数本身和__________调用函数本身。

3．根据变量的作用域不同，变量划分为__________变量和局部变量。

4．函数调用语句 fun((exp1,exp2,exp3),(exp4? exp5:exp6))；中含有__________个实参。

程序分析题

编写函数实现数据交换，提示：输入数据格式为"3 5"。请仔细阅读题目并按要求填空。

```
#include "stdio.h"
void swap(int x,int y);
int main( )
{
    int a,b;
    printf("Please input a and b:\n");
    ____①____;    //输入 a 和 b 的值
    printf("a=%d b=%d\n",a,b);
    swap(____②____);
    return 0;
}
void swap(int x,int y)
{
    int temp;
    temp=x; x=y; y=temp;
    printf("交换后:a=%d b=%d\n",x,y);
}
```

程序设计题

1．编写程序，求 1！－2！＋3！－4！…＋9！－10！的和（提示：结果为－3301819）。

2．编写程序，自定义函数 prime，其功能是判断一个整数是否为素数，并在 main 函数中调用。

3．编写函数，从键盘输入三角形的三条边 a，b，c，利用海伦公式计算三角形的面积，并输出结果。

学习任务6 指针操作

学习目标

1. 熟悉指针的概念。
2. 掌握指针的定义与使用。
3. 掌握指针作为函数参数和指向函数的指针。

知识准备

知识点6.0 引 例

引例 使用指针概念给整型变量a赋值。

程序实现:

```
#include "stdio.h"
int main( )
{
    int a, *p;
    p=&a;
    printf("请输入a的值:");
    scanf("%d",p);  //p是指针变量,其值为变量a的地址
    printf("a=%d\n",a);
    return 0;
}
```

程序运行结果见图6.1。

```
请输入a的值: 100
a=100

--------------------------------
Process exited after 3.573 seconds with return value 0
请按任意键继续. . .
```

图6.1 程序运行结果

知识点 6.1　指针的概念

6.1.1　内存地址

内存是计算机中存储数据和程序的地方，在程序执行期间，变量、数组、指针等都需要占用内存。

内存是一个以字节为单位的连续的存储空间，每个字节都有一个唯一的编号，这个编号被称为内存地址。只要知道了内存地址，就可以获取到该位置内存所存储的内容，或者可以往该位置写入内容。一个字节有 8 个二进制位，只能存储无符号数 0—255，或者带符号数 -128—127，为了存取更多更大的值，可以使用多个字节，即多个连续的内存空间。前面我们已经学习过，不同类型的变量占的字节数不同，例如 int 类型的变量占 4 个字节的内存空间，所以定义一个 int 类型的变量，就会在内存中为其分配 4 个字节的连续空间，用于存放这个变量的值，只要知道了这个变量的地址（指这 4 个字节中开头字节的地址或者叫起始地址）和变量类型，就可以对这个变量进行存取操作。见图 6.2，即为一个整型变量的内存占用情况，假设起始地址为 1001。

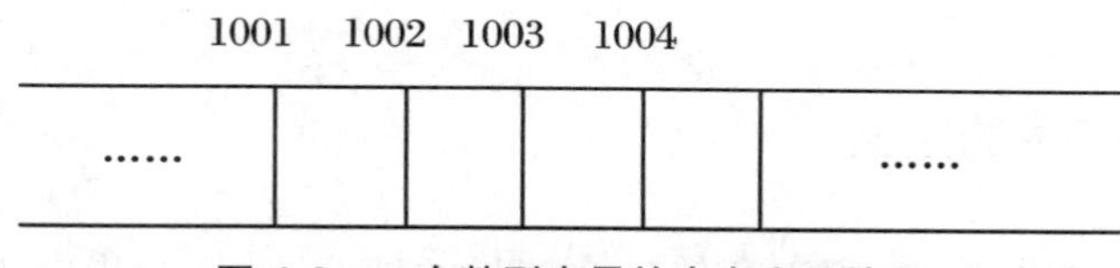

图 6.2　一个整型变量的内存占用情况

在低级语言中通过内存地址来对变量进行存取，但是，如果一个程序中使用了很多变量，要记住每个变量的地址就非常繁琐，因此高级语言可以通过名字而不是地址来访问内存，这个名字就是变量名。在 C 语言中可通过取地址运算符(&)来获取到变量名对应的内存地址。

例 6.1　获取变量地址信息。

程序实现：

```
#include "stdio.h"
int main()
{
    int i=1;
    printf("变量 i 的地址：%p",&i);
    return 0;
}
```

程序运行结果见图 6.3。

输出地址的格式字符“%p”，表示以十六进制格式输出，一般地址都用十六进制表示。

```
变量i的地址：00000021967ff9ac
--------------------------------
Process exited after 0.0219 seconds with return value 0
请按任意键继续. . .
```

图 6.3 程序运行结果

例 6.1 中输出的地址并不是固定的，即每次运行程序系统为变量 i 分配的内存地址并不固定，它是由操作系统和机器硬件决定的，每次运行程序地址可能会不同。

6.1.2 指针与指针变量

指针就是内存地址，例如变量 i 的内存地址是 1001，那么地址 1001 就是变量 i 的指针。指针变量就是用来存放指针（内存地址）的变量，不管哪种数据类型变量的指针（内存地址）都是用 4 个字节来存储。在 C 语言中，指针变量中内容存储的是其指向的数据的首地址，指向的数据可以是变量、数组、结构体、函数等占据存储空间的实体。

知识点 6.2 指针的定义与访问

6.2.1 指针变量的定义

指针变量是一种数据类型，用于存储一个变量的地址，也称为指向该变量的指针变量。指针变量可以在程序运行时动态地指向任何一个变量，包括基本数据类型、数组、结构体等复合数据类型。指针变量存储的不是普通的数据，而是另一个变量的地址。因此，指针变量的取值是一个地址，而不是一个普通的数据。通过指针变量，程序员可以访问和修改它所指向的变量的值。

在 C 语言中，定义一个指针变量需要用到“ * ”运算符。具体语法格式为：

数据类型 * 指针变量名；

例如，以下代码定义了一个指向整型变量的指针变量 p：

```
int * p;
```

这里的“ * ”表示该变量是一个指针变量，而“int”表示该指针变量指向的是一个整型变量。因此，变量 p 可以存储一个整型变量的地址。

如果要将一个变量的地址赋值给指针变量，需要使用“&”运算符。例如，以下代码将变量 i 的地址赋值给指针变量 p：

```
int i=1;
int  * p=&i;
```

这里的“&”是取地址运算符，可以获取变量 i 的地址，赋值给指针变量 p。见图 6.4，假设变量 i 的内存起始地址为 1001，指针变量 p 中存储了整数型变量 i 的地址，这样通过指针变量 p 和变量名 i，都可以访问到变量 i，通常形象地说指针变量 p 指向了变量 i。

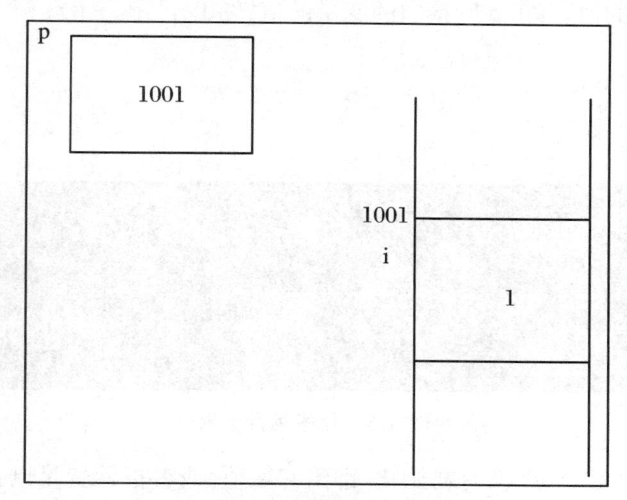

图 6.4 指针变量

6.2.2 指针变量的访问

1. 通过指针进行读写

访问指针变量所指向的变量需要使用“ * ”运算符。例如，以下代码访问指针变量 p 所指向的整型变量：

```
int i=1;
int *p=&i;
*p=2;  //等价于 i=2; *p 表示指针变量 p 所指向的那个变量，即变量 i
```

注意，“ * ”和“&”互为逆运算，所以假设有变量 i，则 *(&i)就是 i，*(&i)表示取变量 i 的地址，然后再取该地址所对应的变量的值，即变量 i 的值。

```
int i=1;
int *p=&i;            //定义指针变量 p，取变量 i 的地址赋值给 p
printf("%d",*(&i)); //等价于 printf("%d",i)
```

2. 改变指针变量的值

指针变量本身也是变量，它的值也是可以改变的，改变指针变量的值，其实是改变指针变量中所存放的地址，地址改变使得指针变量指向了另一个变量。

例 6.2 改变指针变量的指向。

程序实现：

```
#include "stdio.h"
int main()
{
    int i=1, j=2;
    int *p=&i;
    printf("p 的值:%p,p 所指向的变量的值:%d\n",p,*p);
```

```
    p=&j;
    printf("p 的值:%p,p 所指向的变量的值:%d\n",p,*p);
    return 0;
}
```

程序运行结果见图 6.5。

```
p的值: 000000450dfff9b4,p所指向的变量的值: 1
p的值: 000000450dfff9b0,p所指向的变量的值: 2

--------------------------------
Process exited after 0.188 seconds with return value 0
请按任意键继续. . .
```

图 6.5 程序运行结果

当指针变量定义后,如果没有初始化(即给它赋值)或者指针变量已被释放,那么这个指针的指向是随机的,其值也被称为随机值,如果对其指向的随机地址进行操作,就可能会导致程序崩溃,因为这个地址可能是被其他程序正在使用。为了避免这种情况,程序中除了可以给指针变量赋地址值外,也可以给指针变量赋空值(NULL),例如:

```
int *p=NULL;
```

知识点 6.3 指针的使用

指针变量的主要作用是允许程序员通过地址来访问和修改变量的值。下面是一些常见的使用方法。

6.3.1 指针变量的一般用法

例 6.3 使用指针变量实现两个变量值进行交换的算法。

程序实现:

```
#include "stdio.h"
int main( )
{
    int a,b,temp;
    int *x,*y;
    x=&a,y=&b;
    printf("请输入 a,b 的值:");
    scanf("%d,%d",&a,&b);  //输入 a 和 b 的值
    printf("交换前:a=%d b=%d\n",a,b);
    temp=*x; *x=*y; *y=temp;
```

```
    printf("交换后:a = %d b = %d\n",a,b);
    return 0;
}
```

程序运行结果见图 6.6。

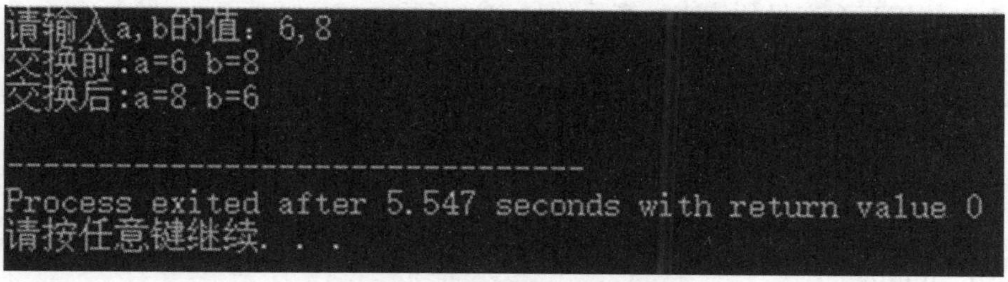

```
请输入a,b的值: 6,8
交换前:a=6 b=8
交换后:a=8 b=6

--------------------------------
Process exited after 5.547 seconds with return value 0
请按任意键继续. . .
```

图 6.6 程序运行结果

例 6.4 实现指针变量指向的交换。

程序实现:

```
#include "stdio.h"
int main( )
{
    int a,b;
    int *x, *y, *temp;
    x=&a,y=&b;
    printf("请输入 a,b 的值:");
    scanf("%d,%d",&a,&b);   //输入 a 和 b 的值
    printf("交换前: *x= %d  *y= %d\n", *x, *y);
    temp=x; x=y; y=temp;
    printf("交换后: *x= %d  *y= %d\n", *x, *y);
    return 0;
}
```

程序运行结果见图 6.7。

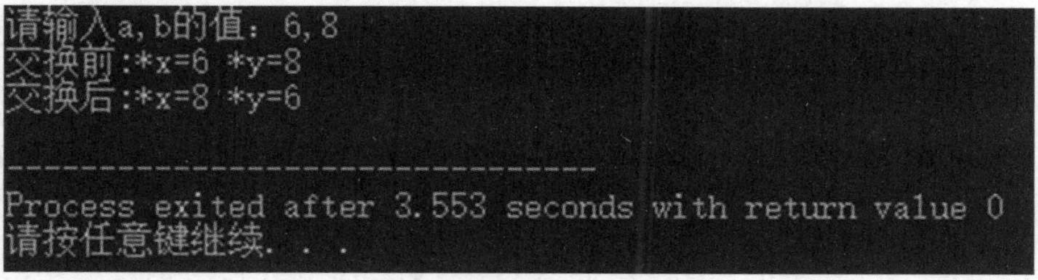

```
请输入a,b的值: 6,8
交换前:*x=6 *y=8
交换后:*x=8 *y=6

--------------------------------
Process exited after 3.553 seconds with return value 0
请按任意键继续. . .
```

图 6.7 程序运行结果

6.3.2　函数参数传递

例 6.5　自定义函数实现两个变量值的交换。

程序 1：使用两个变量数值交换算法的自定义函数。

```
#include "stdio.h"
void swap(int a,int b)          //自定义函数 swap()
{
    int temp=a;
    a=b;
    b=temp;
}
int main()
{
    int a=10, b=20;
    swap(a,b);
    printf("a=%d,b=%d\n",a,b);
    return 0;
}
```

程序运行结果见图 6.8。

图 6.8　程序运行结果

从运行结果可以看出，该函数并未实现两个变量的值的交换，为何会这样呢？这是因为调用函数 swap 时，将实参 a、b 的值传给了形参 a、b，在函数内只是把形参 a、b 的值进行了交换，并不会影响实参 a、b，函数执行完毕，形参会被释放，然后回到调用处继续往下执行，这时实参 a、b 的值并没有任何改变，见图 6.9。

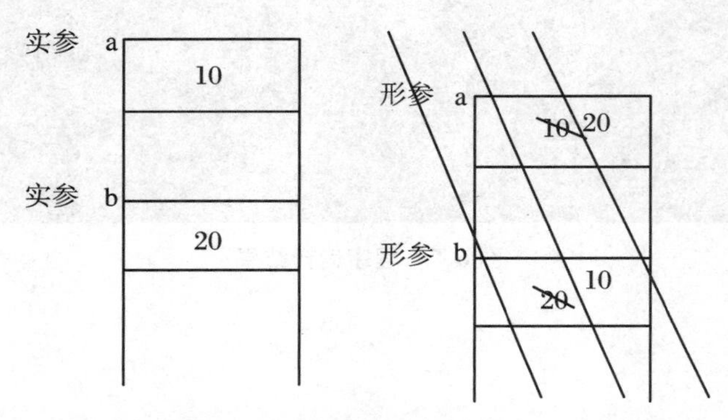

图 6.9　用整型变量做参数的 swap 函数的执行示意

从图 6.9 中可以看出，函数内只是对形参进行交换，并未影响到函数外，所以这样定义函数并不能实现两个变量值的交换。要想通过函数实现对函数外的两个变量进行交换，就要用指针变量作为函数的形参。

程序 2：使用两个变量数值交换算法的自定义函数，函数参数为指针变量。

```
#include "stdio.h"
void swap(int *p,int *q)        //自定义函数 swap()的参数是指针变量
{
    int temp= *p;
    *p= *q;
    *q=temp;
}
int main()
{
    int a=10, b=20;
    swap(&a,&b);
    printf("a=%d,b=%d\n",a,b);
    return 0;
}
```

程序运行结果见图 6.10。

图 6.10　程序运行结果

从运行结果可以看出，该函数实现了实参变量 a、b 值的交换，这是因为调用 swap 函数时，传递的是变量 a、b 的地址，在函数内通过 *p、*q 来引用的就是指针 p 和 q 所指向的变量，也就是变量 a、b 的值，所以这样就可以实现实参 a、b 值的交换，见图 6.11。

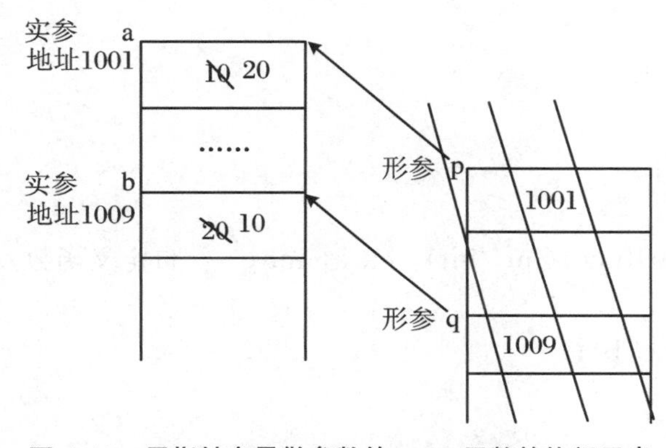

图 6.11　用指针变量做参数的 swap 函数的执行示意

从图中可以看出虽然函数执行完毕，函数中的形参都被释放了，但函数外的实参 a，b 的值已经改变。

6.3.3 指向函数的指针

指向函数的指针也是一种指针变量，可以用来存储函数的地址，从而实现对函数的调用。当定义一个指向函数的指针时，需要指定函数的返回类型和参数列表，这样编译器才能够对指针的类型进行检查。定义指向函数的指针的具体语法格式为：

函数返回值类型（* 指针变量名）（参数列表）；

例如：

```
int ( * p)(int, int);
```

上述语句定义了一个指向返回类型为 int，具有两个 int 型参数的函数的指针变量 p。

假设定义了函数 add()，如下所示：

```
int add(int a, int b) {
    return a + b;
}
```

可以通过如下方式给指针 p 赋值：

```
    p = add; //将 add 函数的地址赋值给指针 p，函数名即函数的起始地址
```

然后，可以通过指针调用函数，有两种方式：

```
    int result = ( * p)(1, 2);    //调用 add 函数，传入参数 1 和 2 也可以省略指针前面的 *
```

或者直接使用指针调用函数：

```
    int result = p(1, 2);
```

例 6.6 指向函数的指针的使用。

程序实现：

```
#include "stdio.h"
int add(int a, int b)                              //自定义函数 add()
{
    return a + b;
}
int sub(int a, int b)
{
    return a - b;
}
int operate(int ( * func)(int, int), int a, int b) //自定义函数 operate()
{
    return func(a, b);
}
int main()
{
```

```
    printf("%d\n", operate(add, 10, 8));
    printf("%d\n", operate(sub, 10, 8));
    return 0;
}
```

程序运行结果见图6.12。

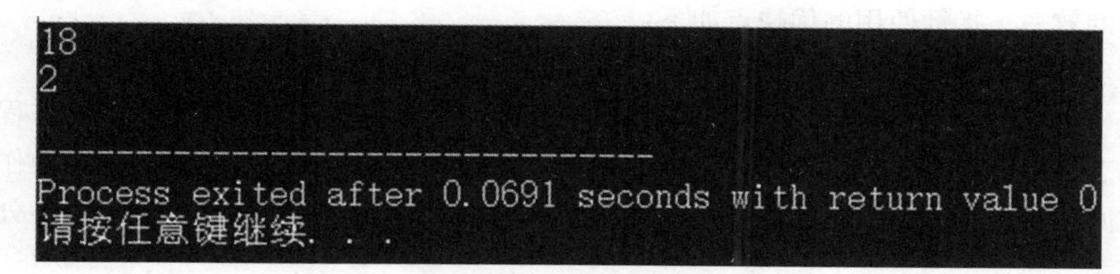

图6.12 程序运行结果

本例中，operate函数的第一个参数就是一个指向函数的指针，参数名叫func，需要指向的是一个返回值为int型，且具有两个int型参数的函数。add和sub就是满足此要求的两个函数，在main方法中，两次调用了operate函数，分别把add和sub函数的函数名（即函数的地址）传递给了operate函数的形参func，这样在operate函数内就可以执行到func指针所指向的函数。

指向函数的指针可以动态地选择要调用的函数，这对于编写通用的函数库非常有用。例如，当需要对若干个学生信息进行排序时，可以将一个指向比较函数的指针作为参数，这样就可以通过改变指针来实现使用不同的比较函数，从而实现按照不同的条件，如学号、成绩等进行排序。此外，指向函数的指针还可以用于回调函数，即在某些情况下，程序需要调用用户定义的函数来完成特定的任务。例如，在GUI（图形用户界面）编程中，当用户单击按钮时，程序需要调用特定的函数来响应事件。这时，可以将用户定义的函数作为参数传递给GUI库，然后库在需要的时候调用该函数，完成特定的任务。

指向函数的指针是C语言中非常重要的概念，它可以动态地选择要调用的函数，并在代码中传递函数作为参数，从而实现更加灵活的编程。它在很多应用场景中都非常有用，并且能够提高代码的可重用性和可扩展性。

6.3.4 返回指针值的函数

在C语言中，函数也可以返回指针类型的值，这种函数被称为“返回指针值的函数”。返回指针值的函数在C语言中被广泛使用，可以用于动态内存分配、链表、字符串等场景。

返回指针值的函数的具体语法格式为：

类型名 *函数名(参数列表);

例如：

```
int *fun(int a, int b)
{
    ……
}
```

fun是函数名，函数体中返回一个int型指针。

6.3.5 指针的优缺点

指针是C语言中非常重要的内容，它可以让程序员更加灵活地操作内存和数据结构，提高程序的效率。指针使用的优缺点如下：

1. 指针的优点

(1) 动态内存分配。指针可以用于动态内存分配，程序员可以根据实际需要在程序运行时动态分配内存。例如，可以使用malloc函数分配内存空间，然后通过指针来操作这块内存空间。动态内存分配可以让程序员更加灵活地管理内存，有效避免了静态内存分配的一些限制。

(2) 处理复杂数据结构。指针可以用于处理复杂的数据结构，例如链表、树和图等。通过使用指针，程序员可以轻松地操作这些数据结构，实现各种操作，如插入、删除、遍历等。

(3) 函数参数传递。指针可以用于函数参数传递，传递指针参数比传递实际参数的值更高效。因为指针参数只需要传递一个内存地址，而不需要复制整个数据结构。此外，通过传递指针参数，函数可以直接修改指针所指向的内存中的数据，而无需返回值。

(4) 提高程序效率。指针可以提高程序的效率，特别是在处理大量数据时。通过使用指针，可以避免不必要的数据复制和内存分配，从而提高程序的运行速度。

2. 指针的缺点

(1) 容易出现空指针。指针在程序中使用非常广泛，但是它也容易出现空指针，即指针指向的内存地址为空或未初始化。如果程序对空指针进行访问或操作，就会导致程序崩溃。因此，在编写程序时，需要注意对指针进行初始化和判空处理。

(2) 容易引起内存泄漏。指针可以用于动态内存分配，但是如果程序员不小心忘记释放内存，就会导致内存泄漏。内存泄漏会导致程序占用过多的内存，从而降低系统的性能。因此，在使用指针进行动态内存分配时，需要小心谨慎，避免内存泄漏的发生。

(3) 容易引起指针悬挂。指针悬挂是指指针指向的内存空间已经被释放或者不可用，但程序员仍然在使用这个指针进行操作，这种操作会导致程序出现不可预知的错误。

(4) 可读性较差。指针的使用会使代码变得复杂，可读性较差。对于初学者来说，指针的概念比较抽象，理解起来比较困难。因此，在编写代码时，需要尽可能地使用易于理解的变量名和注释来解释指针的使用。

(5) 容易出现指针越界问题。指针越界是指指针所指向的内存区域超出了合法的范围。这种情况会导致程序崩溃或产生不可预知的结果。因此，在使用指针时，必须小心谨慎，避免指针越界的问题。

任务实施

任务1：从键盘输入3个数a,b,c，用函数实现这3个数的顺次交换，即a的值给b，b的值给c，c的值给a，并回答问题。

1. 在空白处填入适当的代码，完成程序。

程序代码：

```
#include "stdio.h"
void swap(int *a,int *b,int *c)
{
    int temp= *c;
    ____①____;
    ____②____;
    ____③____;
}
int main()
{
    int a,b,c;
    printf("请输入3个整数:");
    scanf("%d%d%d",&a,&b,&c);
    printf("输入的整数为:%d,%d,%d\n",a,b,c);
    swap(____④____);
    printf("交换后的数为:%d,%d,%d\n",a,b,c);
    return 0;
}
```

2. 在Dev-C++中输入该程序，运行查看结果，并回答问题。

程序运行结果见图6.13。

```
请输入3个整数: 10 20 30
输入的整数为: 10,20,30
交换后的数为: 30,10,20

--------------------------------
Process exited after 6.374 seconds with return value 0
请按任意键继续. . .
```

问题6.13　程序运行结果

问题1：什么是指针和指针变量？

问题2：符号*和&的含义是什么？

*①任务2:编写一个函数,动态分配一个整型数据的内存,并返回。

1. 在空白处填入适当的代码,完成程序。

程序代码:

```
#include "stdio.h"
#include "stdlib.h"
____①____ create()
{
    int *p=NULL;
    p=____②____;                //分配内存
    return p;
}
int main()
{
    int *p=create();
    *p=100;
    printf("%d\n", ____③____); //输出指针p所指向的值
    ____④____;                 //释放内存
    return 0;
}
```

2. 在Dev-C++中输入该程序,运行查看结果,并回答问题。

程序运行结果见图6.14。

```
100

--------------------------------
Process exited after 0.05966 seconds with return value 0
请按任意键继续. . .
```

图6.14 程序运行结果

问题1:用于动态内存分配的函数有哪几个?简述它们的使用方法。

问题2:用于释放动态分配的内存的函数是什么?为何要释放内存?

① 任务实施及任务测试练习题中加"*",代表有一定难度,供读者选做。下同。

＊任务3:使用指向函数的指针,实现回调函数。

1. 在空白处填入适当的代码,完成程序。

程序代码:

```
#include "stdio.h"
void add(int a, int b)
{
    printf("%d + %d = %d\n", a, b, a + b);
}
void sub(int a, int b)
{
    printf("%d - %d = %d\n", a, b, a - b);
}
void mul(int a, int b)
{
    printf("%d * %d = %d\n", a, b, a * b);
}
void calculator(int a, int b, void (*callback)(int, int))
{
    _____①_____;          //调用回调函数
}
int main()
{
    int a = 10, b = 5;
calculator(a, b, ___②___);  //将 add 函数的指针作为回调函数传递
                             给 calculator 函数
calculator(a, b, ___③___);  //将 sub 函数的指针作为回调函数传递
                             给 calculator 函数
calculator(a, b, ___④___);  //将 mul 函数的指针作为回调函数传递
                             给 calculator 函数
    return 0;
}
```

在这个程序中,定义了三个函数 add()、sub()、mul(),这三个函数分别实现了加法、减法和乘法运算。然后定义了一个 calculator()函数,该函数接受两个整数参数和一个指向函数的指针参数。该函数将回调函数作为参数传递进来,并在函数内部调用该回调函数来实现相应的计算。在 main()函数中,分别将 add()、sub()、mul()三个函数的指针作为回调函数传递给 calculator()函数,并输出计算结果。

这个程序演示了如何使用函数指针来实现回调函数,回调函数可以让程序更加灵活,可以根据需要动态地执行不同的代码。

2. 在 Dev-C++ 中输入该程序,运行查看结果,并回答问题。

程序运行结果见图 6.15。

```
10 + 5 = 15
10 - 5 = 5
10 * 5 = 50

--------------------------------
Process exited after 0.1531 seconds with return value 0
请按任意键继续. . .
```

图 6.15　程序运行结果

问题 1:指向函数的指针如何定义,如何使用?

问题 2:指向函数的指针有什么作用?

任务评价与考核表

学习任务 6　指针操作		综合评分:	
知识点掌握情况(50 分)			
序号	知识点	总分值	得分
1	指针的概念	10	
2	指针的定义与访问	20	
3	指针的使用	20	
任务完成情况(50 分)			
序号	任务内容	总分值	得分
1	任务 1:从键盘输入 3 个数 a,b,c,用函数实现这 3 个数的顺次交换,即 a 的值给 b,b 的值给 c,c 的值给 a,并回答问题	20	
2	* 任务 2:编写一个函数,动态分配一个整型数据的内存,并返回	15	
3	* 任务 3:使用指向函数的指针,实现回调函数	15	

任务测试练习题

单选题

1. 内存是一个以________为单位的连续的存储空间。

A. 位　　B. 字节　　C. 字长　　D. 个

2. 在C语言中,定义一个指针变量需要用到“________”运算符。

A. *　　B. &　　C. $　　D. !

3. 有函数定义:int func(int a,int b){} 则下列选项中,指向 func 函数的指针定义正确的是________。

A. int *p=func;
B. int *p(int,int)=func;
C. int (*p)=func;
D. int (*p)(int,int)=func;

4. 下列指针定义中,有问题的指针是________。

A. int *p1=0; int *p2=NULL;
B. int x=10;int *p=NULL; p=&x;
C. int *p;
D. void *p;

5. 函数定义:void func(int *p){ return *p; },该函数的返回值为________。

A. 不确定的值
B. 形参 p 中存放的值
C. 形参 p 所指存储单元中的值
D. 形参 p 的地址值

6. 语句 int *p;说明了________。

A. p 是指向 int 型数据的指针
B. p 是指向函数返回值的指针
C. p 是指向函数的指针,该函数返回 int 型数据
D. p 是函数名,该函数返回指向 int 型数据的指针

7. 定义变量 int *p,a=1;p=&a;下列选项中,结果都是地址的是________。

A. a,p,*&a
B. &*a ,&a,*p
C. *&p,*p,&a
D. &a,&*p,p

判断题

1. 指针变量就是用来存放内存地址的变量,不管哪种数据类型的变量的内存地址都是用4个字节来存储。(　　)

2. 指针变量的值是不可以改变的。(　　)

3. 当定义一个指向函数的指针时,需要指定函数的返回类型和参数列表。(　　)

4. 二重指针所占的内存空间是8个字节。(　　)

5. 指针就是内存地址,通过指针可以访问内存中存储的数据。(　　)

6. 指针变量的数据类型决定了指针的步长(即加1或减1时变化的字节数)大小。(　　)

7. 一个指针变量指向一个变量,指针变量的地址和该变量的地址是一样的。(　　)

填空题

1. 内存中每个字节都有一个唯一的编号,这个编号就称为内存________。

2. 地址运算符是________。

3. 指向________的指针也是一种指针变量,可以用来存储函数的地址,从而实现对函数的调用。

4. 设有如下代码,int x, * p=&x;,则& * p相当于________。

5. 未初始化的或已被释放的指针称为________。

6. 动态分配了内存,但不释放,会形成________。

7. 回调函数是通过________________来实现的。

程序设计题

1. 编写程序,用函数实现两个字符型变量内容的交换。

2. 编写程序,从键盘输入2个数,存入变量a和b中,定义一个函数,接收两个指针类型的参数,实现将这两个数的和放入a中,将这两个数的差放入b中。

学习任务7　数组操作

学习目标

1. 了解数组的含义及在内存中的存放形式。
2. 熟练掌握一维数组的定义、初始化和使用。
3. 熟练掌握二维数组的定义、初始化和使用。
4. 熟悉数组和指针的使用方法。

知识准备

知识点7.0　引　　例

引例　斐波那契数列(Fibonacci sequence),又称黄金分割数列,因数学家莱昂纳多·斐波那契(Leonardo Fibonacci)以兔子繁殖为例子而引入,故又称为"兔子数列",数列为:1,1,2,3,5,8,13,21,34,…。请编写程序计算并保存数列前10项值,并按照1行5个数的形式输出数列的值。

分析:

斐波那契数列可采用递推算法求值:

第1项值　1

第2项值　1

第3项值　1+1=2

……

第 n 项值　第 $n-2$ 项值+第 $n-1$ 项值

……

第10项值　第8项值+第9项值

程序实现:

```
#include "stdio.h"
int main()
{
    int f1=1,f2=1,f3,f4,f5,f6,f7,f8,f9,f10;
```

```
    f3 = f1 + f2;
    f4 = f2 + f3;
    f5 = f3 + f4;
    f6 = f4 + f5;
    f7 = f5 + f6;
    f8 = f6 + f7;
    f9 = f7 + f8;
    f10 = f8 + f9;
    printf("\n 斐波那契数列:\n");
    printf("%6d%6d%6d%6d%6d\n", f1,f2,f3,f4,f5);
    printf("%6d%6d%6d%6d%6d\n", f6,f7,f8,f9,f10);
    return 0;
}
```

程序运行结果见图7.1。

```
斐波那契数列:
     1     1     2     3     5
     8    13    21    34    55

--------------------------------
Process exited after 0.03847 seconds with return value 0
请按任意键继续. . .
```

图7.1 程序运行结果

知识点7.1 数组的概念

通过引例的学习可以发现,前面的知识可以解决比较复杂的问题,但是当处理较大数据量的一组数据时,只能采用单一的变量形式进行存储和处理,虽然这组数据之间具有相互的联系,但是作为单个变量之间却是相互独立的,因此无法采用循环结构,而只能用顺序结构形式,可以设想如果数据量再大些,比如要求计算和保存100项,那么这个程序对这组数据的处理将是非常复杂的。

为了方便记忆和使用,引例中在定义变量时采用了f1,f2,…,f10的字符+序号形式,如果字符和序号可以分隔开,这样就可以定义批量变量了,使用f作为这组数据变量名字,1、2,…,10作为这组数据顺序的编号,即f[1],f[2],…,f[10],这就是数组,其中f是数组名,编号为数组元素下标,下标是从0开始的,数组名和下标组成数组的分量,称为数组元素。数组名的命名规则同一般变量的命名规则一样,且不能与其他变量名或者数组名重名。

例7.1 使用数组概念完成引例。

使用数组概念分析原题:

f[1]=1,f[2]=1

f[n]=f[n-1]+f[n-2](n≥2)

程序实现：

```
#include "stdio.h"
int main()
{
    int i,f[11];        //定义整型数组f
    f[1]=1,f[2]=1;
    for(i=3; i<=10; i++)
        f[i]=f[i-1]+f[i-2];
    printf("\n 斐波那契数列:\n");
    for(i=1;i<=10;i++)
    {
        printf("%6d", f[i]);
        if(i%5==0) printf("\n");
    }
    return 0;
}
```

程序运行结果见图7.2。

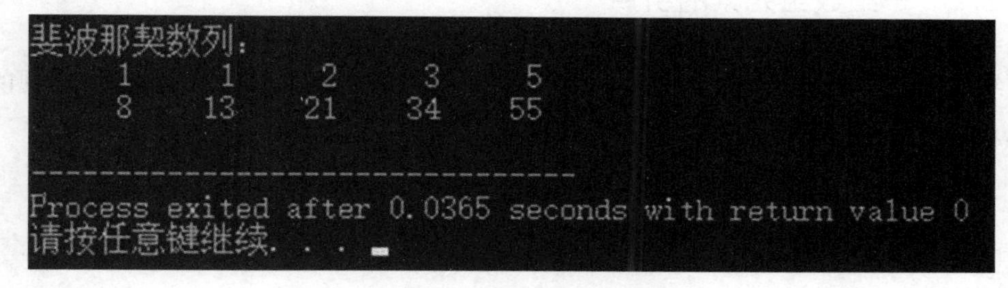

图7.2 程序运行结果

注意：在C语言中数组的下标是从0开始的，例如int f[11];含义是定义了一个长度为11的数组f，数组元素为：f[0],f[1],…,f[10]，一共11个元素，本例中数组元素f[0]没有使用。

知识点7.2 一维数组

7.2.1 一维数组的定义

一维数组的定义格式：

类型说明符　数组名[常量表达式];

说明:

(1) 类型说明符:可以是 int,float,double,char 等基本数据类型,也可以是构造类型。

(2) 数组名:命名规则符合标识符命名规则。

(3) 常量表达式:数组元素的个数,必须是确定值。可以是常量、常量表达式和符号常量,但不能是变量。

例如:

```
int a[10];              //数组 a 定义是合法的
int b[n];               //因为 n 是变量,所以数组 b 定义是非法的
```

其中,int a[10]在计算机内存中的存放方式如下:

a[0]	a[1]	a[2]	a[3]	a[4]	a[5]	a[6]	a[7]	a[8]	a[9]

该数组是一个存放整型数据的数组,数组名为 a,数组名也是数组在内存中的首地址,数组共有 10 个数组元素,数组元素在内存中按照顺序依次存放,第一个元素下标值为 0,最后一个元素下标值为 9。

7.2.2 一维数组元素的引用

数组元素的引用是通过数组名称和元素在数组中的位置信息(也就是下标)实现的。一维数组元素的引用格式:

数组名[下标]

说明:下标可以是常量、变量、表达式或者函数等。

例如:int a[10],i=1;

则 a[1],a[i],a[i++](假设 i 为整数)等都为合法的数组元素引用,而 a[10],a[4.0/0.5]等为不合法的数组元素引用。

7.2.3 一维数组的初始化

数组初始化是指在使用数组之前给数组元素赋初值的过程。

1. 数组定义时初始化

格式:

类型说明符　数组名[常量表达式]={值 1,值 2,…}

例如:

```
int a[10]={0,1,2,3,4,5,6,7,8,9};
```

等价于

int a[10];

a[0]=0,a[1]=1,a[2]=2,a[3]=3,a[4]=4,a[5]=5,a[6]=6,a[7]=7,
a[8]=8,a[9]=9;

说明：

(1) 如果数组元素最后几个元素值为0,可以在赋初值时隐匿此处的数值0。

例如：

int a[10]={0,1,2};

等价于

int a[10];

a[0]=0,a[1]=1,a[2]=2,a[3]=0,a[4]=0;

a[5]=0,a[6]=0,a[7]=0,a[8]=0,a[9]=0;

(2) 在一维数组初始化时,一维数组的数组元素个数可以由赋值的数值个数确定。

例如：

int a[]={0,1,2,3,4,5,6,7,8,9};

等价于

int a[10]={0,1,2,3,4,5,6,7,8,9};

(3) 数组被定义为静态数组时,数组元素值默认为0。

例如:static int a[10];　//数组a中所有元素初始值均为0

2. 数组定义后初始化

数组定义后不允许对数组进行整体初始化操作,只允许对单个元素进行数据赋值操作。方法有以下两种：

(1) 使用赋值语句。

```
char str[26];
str[0]='A';
str[1]='B';
……
str[25]='Z';
```

(2) 使用循环结构。

```
char str[26],ch;
int i;
for(ch='A',i=0;i<=25;i++,ch++)
{
    str[i]=ch;
}
```

7.2.4　一维数组典型例题

例7.2　输入num(num≤20)个整数,逆序输出这组整数。

分析说明：

(1) 确认输入num值。

(2) 采用数组形式，使用循环结构输入 num 个整数值，并存储在数组中。

(3) 使用循环结构逆序输出数组中的值。

程序实现：

```
#include"stdio.h"
int main()
{
    int num,i,n=0;              //定义数据个数 num
    int a[21];                  //定义存储数据的数组
    printf("请输入确认整数数量 num(num<=20)：");
    scanf("%d",&num);           //输入变量 num
    for(i=1;i<=num;i++)         //循环输入 num 个整数
    {
        printf("请输入第%d 个整数：",i);
        scanf("%d",&a[i]);
    }
    printf("输出逆序结果是:\n");
    for(i=num;i>0;i--)          //反向循环输出 num 个整数
    {
        printf("%d\t",a[i]);
        n++;
        if(n%5==0) printf("\n");
    }
    return 0;
}
```

程序运行结果见图 7.3。

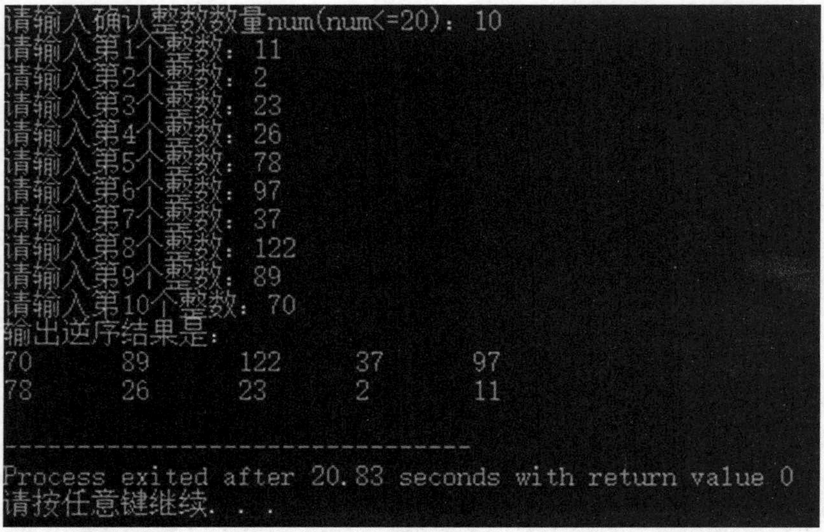

```
请输入确认整数数量num(num<=20): 10
请输入第1个整数: 11
请输入第2个整数: 2
请输入第3个整数: 23
请输入第4个整数: 26
请输入第5个整数: 78
请输入第6个整数: 97
请输入第7个整数: 37
请输入第8个整数: 122
请输入第9个整数: 89
请输入第10个整数: 70
输出逆序结果是:
70      89      122     37      97
78      26      23      2       11

--------------------------------
Process exited after 20.83 seconds with return value 0
请按任意键继续. . .
```

图 7.3　程序运行结果

例 7.3　输入 num(num≤20)个整数，存放在数组 a[1]至 a[n]中，输出最小值所在位置。

分析说明：

(1) 输入确认 num 值。

(2) 采用数组形式，使用循环结构输入 num 个整数值，并存储在数组 a 中。

(3) 假设初始最小值是 a[0]，并记录其位置 p=0。

(4) 使用循环结构遍历数组 a 中其他元素，找到最小值，并将其位置记录到 p 中。

(5) 输出 p，即为最小值的位置，a[p]即为最小值。

程序实现：

```
#include"stdio.h"
int main()
{
    int num,i,p;
    int a[21];
    printf("请输入确认整数数量 num(num<=20)：");
    scanf("%d",&num);
    for(i=1;i<=num;i++)
    {
        printf("请输入第%d个整数：",i);
        scanf("%d",&a[i]);
    }
    p=1;
    for(int i=2;i<=num;i++)
    {
        if(a[i]<a[p])   p=i;
    }
    printf("最小值是%d,在数组中的位置是%d。",a[p],p);
    return 0;
}
```

程序运行结果见图 7.4。

```
请输入确认整数数量num(num<=20): 10
请输入第1个整数: 22
请输入第2个整数: 16
请输入第3个整数: 57
请输入第4个整数: 89
请输入第5个整数: 79
请输入第6个整数: 66
请输入第7个整数: 88
请输入第8个整数: 72
请输入第9个整数: 69
请输入第10个整数: 18
最小值是16，在数组中的位置是2。
--------------------------------
Process exited after 30.17 seconds with return value 0
请按任意键继续. . .
```

图 7.4　程序运行结果

例7.4 输入num(num≤20)个整数,存放在数组a[1]至a[num]中,请将数据从小到大排序后输出。本例题采用了经典的选择排序和冒泡排序方法实现。

方法一:选择排序。

分析说明:

(1) 选择排序采用一维数组,比较时使用双重循环结构。

(2) 第一轮:根据例7.3的算法在要排序的所有元素中,选出最小的一个数与第一个位置上的数交换,这样最小的数就放在了第一位置。

(3) 第二轮:第一位置的数值不变,在剩下的数当中再找最小的数与第二个位置上的数交换,这样第二小的数就放在了第二个位置上。

(4) 依次类推,直到将最大的数放在最后一个位置上为止,整个排序结束。

例如:给定一组数据,60、40、80、65、45排序过程:

第一轮:40、60、80、65、45,5个数中的最小值40与第1个数60交换;

第二轮:40、45、80、65、60,后4个数中的最小值45与第2个数60交换;

第三轮:40、45、60、65、80,后3个数中的最小值60与第3个数80交换;

第四轮:40、45、60、65、80,后2个数中的最小值65,不需要交换。

程序结束,得出40、45、60、65、80。

程序实现:

```
#include"stdio.h"
int main()
{
    int num,i,j,p,t;
    int a[21];
    printf("请输入确认整数数量num(num<=20):");
    scanf("%d",&num);
    for(i=1;i<=num;i++)
    {
        printf("请输入第%d个整数:",i);
        scanf("%d",&a[i]);
    }
    printf("输入的整数是:\n");
    for(i=1;i<=num;i++)
        printf("%5d",a[i]);
    for(j=1;j<=num-1;j++) //j表示查找第1个最小值到第num-1个数最小值
    {
        p=j;  //p初始第j个数为j到num的最小值
        for (i=j+1; i<=num; i++) //从j+1个数开始,查找最小值的位置
        {
            if (a[i] < a[p])   p=i;
        }
        t=a[p],a[p]=a[j],a[j]=t;  //交换j到n的最小值a[p]与第j个数a[j]
```

```
    }
    printf("\n从小到大排序的结果是:\n");
    for(i=1;i<=num;i++)
    {
        printf("%5d",a[i]);
    }
    return 0;
}
```

程序运行结果见图7.5。

```
请输入确认整数数量num(num<=20): 10
请输入第1个整数: 56
请输入第2个整数: 89
请输入第3个整数: 21
请输入第4个整数: 61
请输入第5个整数: 19
请输入第6个整数: 27
请输入第7个整数: 51
请输入第8个整数: 70
请输入第9个整数: 38
请输入第10个整数: 20
输入的整数是:
   56   89   21   61   19   27   51   70   38   20
从小到大排序的结果是:
   19   20   21   27   38   51   56   61   70   89
--------------------------------
Process exited after 29.12 seconds with return value 0
请按任意键继续. . .
```

图7.5 程序运行结果

方法二:冒泡排序。

分析说明:

(1) 冒泡排序采用一维数组,比较时使用双重循环结构。

(2) 第一轮:相邻的两个数组元素进行比较,如果前一个数组元素值大于后一个数组元素值,则进行交换,小的往前排,大的往后排;如果前一个数组元素值小于后一个数组元素值,则保持不变。第一轮结束后数组中最大值沉到数组的最末位置。

(3) 第二轮:数组最末位置的数值不变,剩余数组元素重复第一轮中比较和交换方式,第二轮结束后剩余数组元素中的最大值沉到数组的倒数第二的位置。

(4) 依次类推,直到最小的数放到第一位置为止,整个排序结束。

程序实现:

```
#include"stdio.h"
int main()
{
    int num,i,j,t;
    int a[21];
    printf("请输入确认整数数量num(num<=20):");
    scanf("%d",&num);
```

```
    for(i=1;i<=num;i++)
    {
        printf("请输入第%d个整数：",i);
        scanf("%d",&a[i]);
    }
    printf("输入的整数是:\n");
    for(i=1;i<=num;i++)
        printf("%5d",a[i]);
    for (j=1; j<=num -1; j++) {             //j表示第j轮比较
        for (i=1; i<=num -j; i++) {         //从1到n-j+1,两两比较
            if (a[i] > a[i+1])
                t=a[i], a[i]=a[i+1], a[i+1]=t;
        }
    }
    printf("\n从小到大排序的结果是:\n");
    for (i=1; i<=num; i++) {                 //输出排序好的数据
        printf("%5d", a[i]);
    }
    return 0;
}
```

程序运行结果见图7.5。

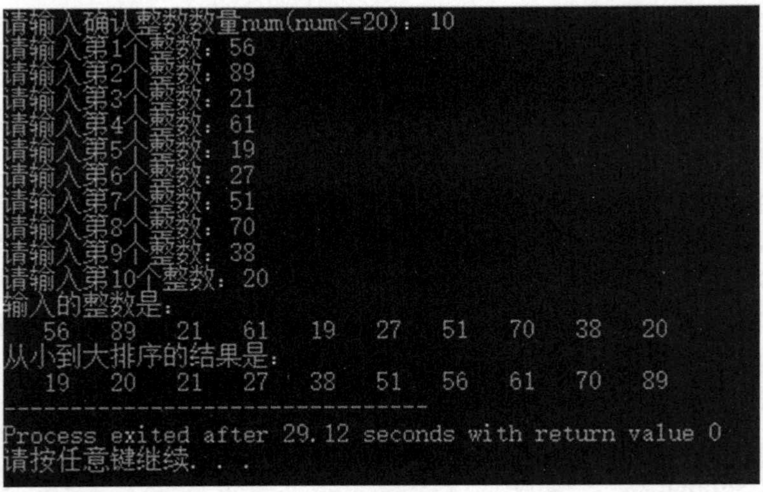

```
请输入确认整数数量num(num<=20): 10
请输入第1个整数: 56
请输入第2个整数: 89
请输入第3个整数: 21
请输入第4个整数: 61
请输入第5个整数: 19
请输入第6个整数: 27
请输入第7个整数: 51
请输入第8个整数: 70
请输入第9个整数: 38
请输入第10个整数: 20
输入的整数是:
   56   89   21   61   19   27   51   70   38   20
从小到大排序的结果是:
   19   20   21   27   38   51   56   61   70   89
--------------------------------
Process exited after 29.12 seconds with return value 0
请按任意键继续. . .
```

图7.5　程序运行结果

知识点 7.3　二 维 数 组

7.3.1　二维数组的定义

二维数组定义的一般格式：

类型说明符　数组名[常量表达式 1] [常量表达式 2] ；

其中，常量表达式 1 表示数组第一维下标的长度，常量表达式 2 表示数组第二维下标的长度。

例如：int a[3][4]；

定义了一个 3 行 4 列的整型数据类型的数组，如图 7.7 所示。

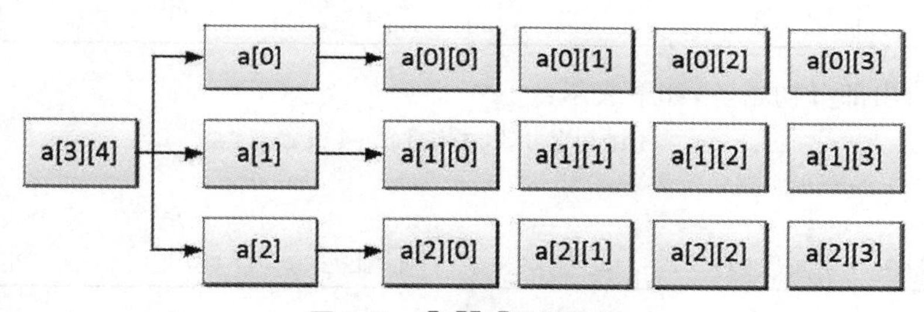

图 7.7　a[3][4]数组结构

说明：

(1) 二维数组命名规则与一维数组命名规则相同。

(2) 二维数组 a 元素在内存中的顺序是按行进行存放的，先存放 a[0]行，再存放 a[1]行、a[2]行，并且每行有四个元素，也是依次存放的。

(3) 二维数组的每一行相当于是一个一维数组，如 a[0]相当于第 0 行的数组名。

当定义的数组下标多于 2 个时，称为多维数组，下标的个数可以为任意多个，其在内存中的存放顺序与二维数组类似。如定义一个三维数组 b 和四维数组 c：

```
int b[2][3][4];
int c[2][3][4][5];
```

7.3.2　二维数组的引用

二维数组引用格式为：

数组名[下标 1][下标 2]

例如：

```
int a[3][4];
a[1][2]=3;
```

其中,a[1][2]是数组a中的一个数组元素,a[1][2]=3是将数值3赋给了a[1][2]这个数组元素。

7.3.3 二维数组的初始化

1. 数组定义时初始化

(1) 按行初始化赋值

格式如下:

类型说明符 数组名[行数][列数]={{第0行值},{第1行值},…,{最后1行值}};

说明:

① 按行给出全部初始值,如下表示:

int a[2][3]={{1,2,3},{4,5,6}};

赋值情况如下:

a[0][0]	a[0][1]	a[0][2]	a[1][0]	a[1][1]	a[1][2]
1	2	3	4	5	6

② 按行给出部分初始值,如下表示:

int a[2][3]={{1},{4}};

赋值情况如下:

a[0][0]	a[0][1]	a[0][2]	a[1][0]	a[1][1]	a[1][2]
1	0	0	4	0	0

③ 初始化时省略行下标,可表示为:

int a[][3]={{1,2,3},{4,5}};

等价于

int a[2][3]={{1,2,3},{4,5}};

(2) 按数组元素在内存中的存储顺序初始化数据

格式如下:

类型说明符　数组名[行数][列数]={数据列表};

说明:

① 给出全部初始值,如下表示:

int a[2][3]={1,2,3,4,5,6};

赋值情况如下:

a[0][0]	a[0][1]	a[0][2]	a[1][0]	a[1][1]	a[1][2]
1	2	3	4	5	6

② 给出部分初始值,如下所示:

int a[2][3]={1,2};

赋值情况如下:

a[0][0]	a[0][1]	a[0][2]	a[1][0]	a[1][1]	a[1][2]
1	2	0	0	0	0

③ 初始化时省略行下标,可表示为:

int a[][3]={1,2,3,4,5.6};

等价于

int a[2][3]={1,2,3,4,5.6};

2. 程序运行过程初始化

采用输入语句使用双重循环结构为二维数组进行初始化。

例如:

```
inti,j,a[3][4];
for(int i=0;i<3;i++)
{
    for(int j=0;j<4;j++)
    {
        scanf("%d",&a[i][j]);
    }
}
```

7.3.4 二维数组典型例题

例7.5 键盘输入一个4×4的矩阵值,求该矩阵转置并输出。

分析说明:

(1) 定义一个5×5的数组a,使用下标1到4。

(2) 使用双重循环输入数组数据。

(3) 使用双重循环,外层循环i值从1到4,内层循环j值从i到4,交换a[i][j]和a[j][i]的值。

(4) 使用双重循环输出数组数据。

程序实现:

```
#include"stdio.h"
int main()
{
    int i,j,a[5][5],t;
    printf("请输入4*4矩阵值:\n");
    for (i=1; i<=4; i++)                    //输入矩阵数据
    {
        for (j=1; j<=4; j++)
        {
            scanf("%d", &a[i][j]);
```

```
            }
        }
        printf("输出 4 * 4 矩阵:\n");
        for (i=1; i<=4; i++)                    //输出矩阵
        {
            for (j=1; j<=4; j++) {
                printf("%5d", a[i][j]);
            }
            printf("\n");
        }
        for (i=1; i<=4; i++)                    //实现矩阵转置算法
        {
        for (j=i; j<=4; j++)
            t=a[i][j], a[i][j]=a[j][i], a[j][i]=t;
        }
        printf("输出 4 * 4 矩阵转置:\n");
        for (i=1; i<=4; i++)                    //输出矩阵转置
        {
            for (j=1; j<=4; j++) {
                printf("%5d", a[i][j]);
            }
            printf("\n");
        }
        return 0;
}
```

程序运行结果见图 7.8。

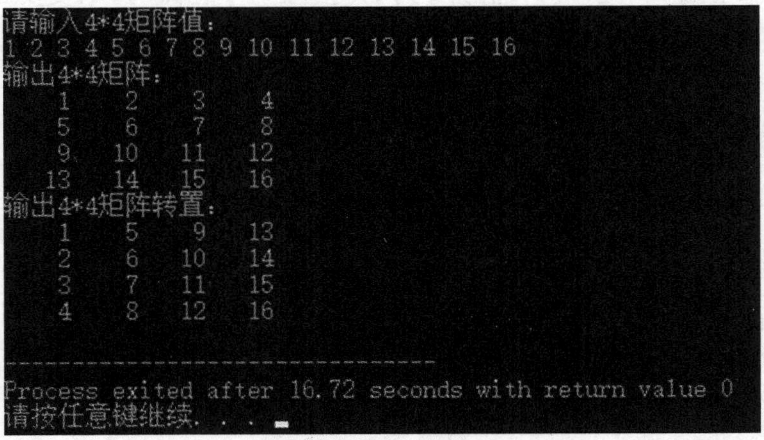

```
请输入4*4矩阵值:
1 2 3 4 5 6 7 8 9 10 11 12 13 14 15 16
输出4*4矩阵:
    1    2    3    4
    5    6    7    8
    9   10   11   12
   13   14   15   16
输出4*4矩阵转置:
    1    5    9   13
    2    6   10   14
    3    7   11   15
    4    8   12   16

--------------------------------
Process exited after 16.72 seconds with return value 0
请按任意键继续. . .
```

图 7.8 程序运行结果

知识点 7.4　数组和指针

数组是一组具有相同数据类型的数据集合，这组数据在内存中存放的位置也是连续的。指针变量中存放的是地址，如果将数组的首地址(即数组名)赋给一个指针变量，这个指针变量将指向这个数组，指针和数组将建立起相互关联的模式。

7.4.1　使用指针访问数组元素

数组名是数组的首地址，其本身也可以作为指针使用，利用指针的偏移访问数组中的元素，但数组名是一个地址常量，与指针变量有一些不同之处需要注意，比如指针变量 p，其偏移可以使用 p++，而数组 a 不能使用 a++ 的形式。

例 7.6　给数组 a[5]赋值，并使用指针形式输出该数组的值。

(1) 数组名作为指针使用。

程序实现：

```
#include"stdio.h"
int main()
{
    int i,a[5];
    printf("请输入数组元素值:\n");
    for (i=0; i<=4; i++)            //输入数组数据
        scanf("%d", &a[i]);
    printf("\n输出数组元素值:\n");
    for (i=0; i<=4; i++)            //输出数组数据
        printf("%5d", *(a+i));      //i是偏移量,单位是1个整型数据存储单元
    return 0;
}
```

(2) 使用指针变量访问数组元素。

程序实现：

```
#include"stdio.h"
int main()
{
    int i,a[5], *p;
    printf("请输入数组元素值:\n");
    for (i=0; i<=4; i++)            //输入数组数据
        scanf("%d", &a[i]);
    printf("\n输出数组元素值:\n");
    for (p=a; p<=a+4; p++)          //使用指针变量p,输出数组数据
```

```
        printf("%5d", *p);            //*p表示指针p指向的地址中数组元素值
    return 0;
}
```

程序运行结果见图7.9。

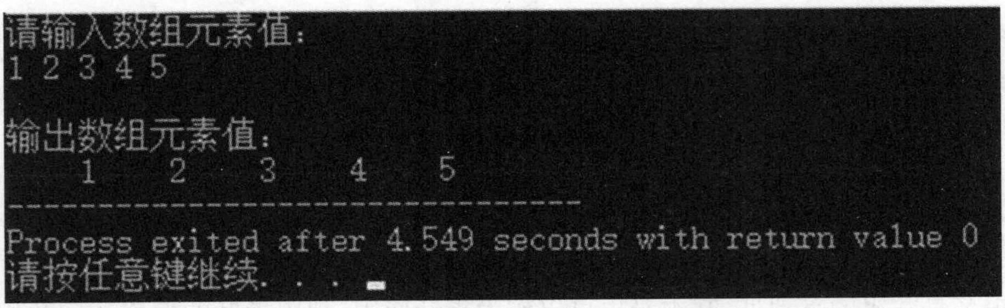

```
请输入数组元素值:
1 2 3 4 5

输出数组元素值:
    1    2    3    4    5
--------------------------------
Process exited after 4.549 seconds with return value 0
请按任意键继续. . .
```

图7.9　程序运行结果

7.4.2　使用数组和指针作为函数参数

例7.7　请编写阶乘值算法的函数，求数组a[5]中的元素值的阶乘并将结果保存在b[5]中。

1. 数组元素作为函数参数

程序实现：

```
#include "stdio.h"
int jiecheng(int n)                            //自定义函数jiecheng()
{
    int i,f=1;
    for (i=1;i<=n;i++)                         //求阶乘值
        f=f*i;
    return f;
}
int main()
{
    int i,a[5],b[5];
    printf("请输入数组a元素值:\n");
    for(i=0;i<=4;i++)                          //输入数组数据
        scanf("%d", &a[i]);
    printf("输出数组a元素值:\n");
    for (i=0; i<=4; i++)                       //输出数组a数据
        printf("%5d", a[i]);
    for(i=0;i<=4;i++)
        b[i]=jiecheng(a[i]);                   //数组a的元素作为函数实参
    printf("\n");
```

```
    for (i=0; i<=4; i++)              //输出数组 b 数据
        printf("%5d", b[i]);
    return 0;
}
```

2. 数组名作为函数参数

程序实现:

```
#include "stdio.h"
int b[5];
void jiecheng(int c[5])                   //自定义函数 jiecheng()
{
    int i,j,f;
    for(i=0;i<=4;i++)
    {
        f=1;
        for (j=1;j<=c[i];j++)          //求阶乘值
            f=f*j;
        b[i]=f;
    }
}
int main()
{
    int i,a[5];
    printf("请输入数组元素值:\n");
    for(i=0;i<=4;i++)                  //输入数组数据
        scanf("%d", &a[i]);
    printf("输出数组元素值:\n");
    for (i=0; i<=4; i++)               //输出数组 a 数据
        printf("%5d", a[i]);
    jiecheng(a);                       //数组名 a 作为函数实参
    printf("\n");
    for (i=0; i<=4; i++)               //输出数组 b 数据
        printf("%5d", b[i]);
    return 0;
}
```

3. 数组和指针作为函数参数

程序实现:

```
#include "stdio.h"
int b[5];
void jiecheng(int *p)                     //指针变量作为函数形参
{
```

```
    int i,j,f;
    for(i=0;i<=4;i++)
    {
        f=1;
        for (j=1;j<= *p;j++)            //求阶乘值
            f=f*j;
        p++;
        b[i]=f;
    }
}
int main()
{
    int i,a[5];
    printf("请输入数组元素值:\n");
    for(i=0;i<=4;i++)               //输入数组数据
        scanf("%d", &a[i]);
    printf("输出数组元素值:\n");
    for (i=0; i <=4; i++)           //输出数组 a 数据
        printf("%5d", a[i]);
    jiecheng(a);
    printf("\n");
    for (i=0; i <=4; i++)           //输出数组 b 数据
        printf("%5d", b[i]);
    return 0;
}
```

程序运行结果见图 7.10。

```
请输入数组元素值:
1 2 3 4 5
输出数组元素值:
    1    2    3    4    5
    1    2    6   24  120
--------------------------------
Process exited after 4.706 seconds with return value 0
请按任意键继续. . .
```

图 7.10 程序运行结果

任务实施

任务 1:设数组 a 的元素均为正整数,编写程序求数组 a 中奇数的个数和奇数的平均值,并回答问题。

1. 在空白处填入适当的内容,完成程序。

```
#include"stdio.h"
int main()
{
    int a[10]={10, 9, 8, 7, 6, 5, 4, 3, 2, 1};
    int count=0, sum=0, i;
    double ave;                                  //平均值
    for (i=0; i< ____①____ ; i++)
    {
        if (____②____ ==0)
            continue ;
        sum+= ____③____ ;
        count++ ;
    }
    if (count != ____④____ )
    {
        ave=sum / count;
        printf ("%d,%.2lf\n", count, ave); //平均值保留两位小数
    }
    return 0;
}
```

2. 在Dev-C++中输入该程序,运行查看结果,并回答问题。

程序运行结果见图7.11。

```
5,5.00

--------------------------------
Process exited after 0.03248 seconds with return value 0
请按任意键继续. . .
```

图7.11　程序运行结果

问题1:简述一维数组初始化的方法?

问题2:是否有数组a[10]元素,简述数组越界对程序执行的影响?

任务2:矩阵对角线之和:给定一个4×4的矩阵,编写程序求此矩阵的主副对角线之和,并回答问题。

1. 在空白处填入适当的代码,完成程序。

```
#include"stdio.h"
int ____①____;
int main()
{
    int i,j,sum=0;
    for (i=1; i<=4; i++)           //输入数组数据
    {
        for (j=1; j<=4; j++)
        {
            scanf("%d", &a[i][j]);
        }
    }
    for (i=1; i<=4; i++)           //求对角线之和
    {
        for (j=1; j<=4; j++)
        {
            if (i==j || i+j==____②____)
            {
                sum+=a[i][j];
            }
        }
    }
    printf("%d", sum);
    return 0;
}
```

2. 在Dev-C++中输入该程序,运行查看结果,并回答问题。

程序运行结果见图7.12。

```
1 2 3 4
5 6 7 8
4 3 2 1
8 7 6 5
36
--------------------------------
Process exited after 31.25 seconds with return value 0
请按任意键继续. . .
```

图7.12 程序运行结果

问题 1：简述二维数组元素在内存中的存储方式？

问题 2：简述二维数组与二重循环结构的关系？

任务评价与考核表

学习任务 7　数组操作		综合评分：	
知识点掌握情况(50 分)			
序号	知识点	总分值	得分
1	数组的概念	10	
2	一维数组	15	
3	二维数组	15	
4	数组和指针	10	
任务完成情况(50 分)			
序号	任务内容	总分值	得分
1	任务 1：设数组 a 的元素均为正整数，编写程序求数组 a 中奇数的个数和奇数的平均值，并回答问题	30	
2	任务 2：矩阵对角线之和：给定一个 4×4 的矩阵，编写程序求此矩阵的主副对角线之和，并回答问题	20	

任务测试练习题

选择题

1. 数组名和下标组成数组的分量，称为数组________。

A. 值　　B. 元素　　C. 表达式　　D. 引用

2. 数组定义时数组元素个数值的要求是________。

A. 确定值　　B. 可变值　　C. 可省略　　D. 0

3. 二维数组定义：int a[][2]={1,2,3,4,5}；等价于________。

A. int a[2][2]={1,2,3,4,5}

B. int a[3][2]={1,2,3,4,5}

C. int a[5]={1,2,3,4,5}

D. 定义错误

4. 数组是一组具有相同数据类型的数据,这组数据在内存中存放的位置是______的。

A. 相关联　　B. 确定　　C. 离散　　D. 连续

判断题

1. 数组名的命名规则同一般变量的命名规则一样,且不能与其他变量名或者数组名重名。(　　)

2. 数组定义时类型说明符只能是基本数据类型。(　　)

3. 二维数组命名规则与一维数组的命名规则不同。(　　)

4. 如果将数组的首地址赋给一个指针变量,这个指针变量将指向这个数组,指针和数组将建立起相互关联的模式。(　　)

填空题

1. 数组下标数值从________开始。

2. 数组下标可以是常量、________、表达式或者函数等。

3. 二维数组元素在内存中的存储顺序是先按________进行存放。

4. 数组________是数组的首地址。

程序设计题

1. 请编写输出杨辉三角的函数,将杨辉三角中的值存入数组 a 中。

2. 输入 n(n≤20)个学生的整数成绩,请计算这些成绩的最大跨度值(最大跨度值=最大值-最小值)、平均值及大于等于平均值的人数(平均值保留 2 位小数)。

学习任务8　字符串操作

学习目标

1. 理解字符串的定义和存储方式。
2. 掌握字符数组的应用。
3. 掌握常用字符串处理函数。
4. 掌握字符指针的应用。

知识准备

知识点8.0　引　　例

引例　一个简单的单词闯关小游戏。

闯关规则：共有4题，答对1题记25分，全部答对，则闯关成功记100分，若答错，则闯关失败，显示最终得分。

程序实现：

```
#include"stdio.h"
int main()
{
    char num;
    int sum=0;
    printf("\n\t\t 单词闯关开始\n\n");
    printf("\t\t 第1题 红色\n");
    printf("\t\tA reb\n");
    printf("\t\tB red\n");
    printf("\t 请选择：");
    scanf("%c",&num);
    switch(num)
    {
        case 'A':printf("\n\t\t 闯关失败，最终得分%d! ",sum);exit(0);
```

```
        case 'B':sum = sum + 25;break;
    }
    getchar();
    printf("\n\t\t 第 2 题 苹果\n");
    printf("\t\tA apple\n");
    printf("\t\tB app\n");
    printf("\t 请选择:");
    scanf("%c",&num);
    switch(num)
    {
        case 'A':sum = sum + 25;break;
        case 'B':printf("\n\t\t 闯关失败,最终得分%d!",sum);exit(0);
    }
    getchar();
    printf("\n\t\t 第 3 题 西红柿\n");
    printf("\t\tA tomato\n");
    printf("\t\tB tomoto\n");
    printf("\t 请选择:");
    scanf("%c",&num);
    switch(num)
    {
        case 'A':sum = sum + 25;break;
        case 'B':printf("\n\t\t 闯关失败,最终得分%d!",sum);exit(0);
    }
    getchar();                          //消除 scanf 函数字符输入时输入的回车符
    printf("\n\t\t 第 4 题 茄子\n");
    printf("\t\tA eggplant\n");
    printf("\t\tB aggplant\n");
    printf("\t 请选择:");
    scanf("%c",&num);
    switch(num)
    {
        case 'A':sum = sum + 25;printf("\n\t\t 恭喜您闯关成功!最终得分 100!",
sum);break;
        case 'B':printf("\n\t\t 闯关失败,最终得分%d!",sum);break;
    }
    return 0;
}
```

程序运行结果见图 8.1 和图 8.2。

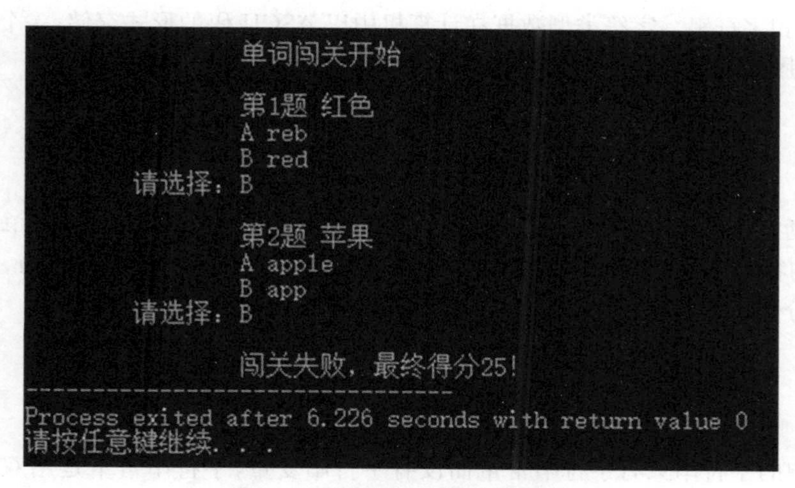

图8.1 程序运行结果:闯关失败

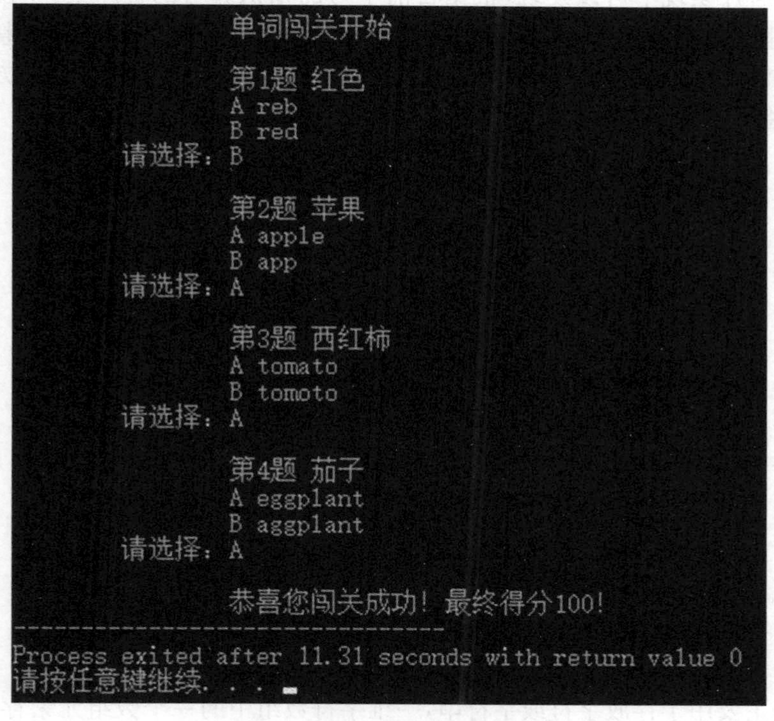

图8.2 程序运行结果:闯关成功

知识点8.1 字符类型数据

引例是一个简单的单词闯关小游戏，程序中用到了前面学过的字符常量、字符变量和字符串常量等字符类型数据。C语言中字符类型数据是一类非常重要的数据类型，主要包括两大类:字符和字符串。字符类型数据在计算机中以ASCII码的形式存储,一个字符占用一个字节,主要用于文字处理等领域。

8.1.1 字符

字符包括字符常量和字符变量。字符常量有两种形式:单引号括起来的单个普通字符或"\"开头的特定字符序列构成的转义字符。字符变量的类型说明符是char,取值是字符常量。本部分知识在学习任务2中有详细讲述,这里不再赘述。

8.1.2 字符串

C语言中的字符串只有字符串常量而没有字符串变量,字符串常量是用双引号括起来的字符序列,以"\0"作为字符串结束标志。

在引例的程序实现中可以发现,根据目前学习的知识编写的程序,由于没有字符串变量,对于字符串的处理比较麻烦,无法使用循环结构和模块化程序设计,因此整个程序中相似语句和语句结构比较多,代码冗余情况较为严重,如何实现代码复用,更加方便简洁地处理对字符串,将在下一个知识点字符数组中给出答案。

知识点8.2 字 符 数 组

8.2.1 一维字符数组

一维字符数组的一般形式:

char 数组名[常量表达式];

说明:

(1) char是字符数组的关键字。

(2) 数组名的命名符合标识符命名规则。

(3) 常量表达式表明数组元素的个数,必须是确定值。

字符数组主要用于存放字符或字符串,一维字符数组中的一个数组元素存放一个字符,在内存中占用一个字节。C语言中没有字符串变量,字符串是存放在字符型数组中的,以"\0"作为字符串结束标志。字符数组的初始化、引用等操作和数值型数组是相同的。

例如:

char c[]={'C','p','r','o','g','r','a','m'};

数组c在内存中的实际存放情况为:

C		p	r	o	g	r	a	m	\0

例8.1 使用字符数组输出字符串"C program"。

程序实现：

```
#include"stdio.h"
int main()
{
    char str[20] = " C program";    //字符数组长度为 20,存储字符串"C program"
    printf("输出字符串:\n");
    puts(str);                      //将字符串"C program"输出
    return 0;
}
```

程序运行结果见图 8.3。

图 8.3　程序运行结果

8.2.2　二维字符数组

二维字符数组的一般形式：

char　数组名[常量表达式 1][常量表达式 2];

说明：

(1) char 是字符数组的关键字。

(2) 数组名的命名符合标识符命名规则。

(3) 常量表达式 1 和常量表达式 2 必须是确定值。

(4) 二维字符数组可以存放多个字符串。

例如：

```
char a[4][2] = {"B","A","A","A"};
```

二维数组 a 的形式：

B	\0
A	\0
A	\0
A	\0

二维数组 a 在内存中的实际存放情况为：

B	\0	A	\0	A	\0	A	\0

例8.2 使用字符数组编写程序完成简单的单词闯关小游戏。

程序实现:

```
#include"stdio.h"
int main()
{
    int i,sum=0;
    char num;
    char title[4][50]={"\t\t第1题 红色\n\t\tA reb\n\t\tB red\n",\
            "\t\t第2题 苹果\n\t\tA apple\n\t\tB app\n",\
            "\t\t第3题 西红柿\n\t\tA tomato\n\t\tB tomoto\n",\
            "\t\t第4题 茄子\n\t\tA eggplant\n\t\tB aggplant\n",};
    //对title[4][50]字符数组初始化时,因为有多个字符串,字符较多,多行显示更清
      晰,因此在每一行后使用了续行符'\'
    char answer[4][2]={"B","A","A","A"};
    printf("\n\t\t单词闯关开始\n\n");
    for(i=0;i<=3;i++)
    {
        printf("%s",title[i]);
        printf("\t请选择:");
        scanf("%c",&num);
        if(num==answer[i][0])
            sum=sum+25;
        else
            break;
        getchar();          //消除调用scanf函数输入字符时回车符的影响
    }
    if(i==3)
        printf("\n\t\t恭喜您闯关成功!最终得分%d!",sum);
    else
        printf("\n\t\t闯关失败,最终得分%d!",sum);
    return 0;
}
```

说明:例8.2使用字符数组实现了引例中简单的单词闯关小游戏功能,两个程序通过对比可以看出,使用字符数组存储字符串,在对其进行数据处理时可以使用循环结构解决问题,这样减少了代码冗余,整个程序也更加简洁。

思考题:如何将单词闯关小游戏的功能编写成函数形式。

知识点 8.3　字符串处理函数

字符串处理程序除了使用字符数组和基本控制结构来实现文字处理功能外，C 语言库函数也提供了丰富的字符串处理函数，这些函数主要在头文件"string.h"中，熟练掌握和使用字符处理函数将提高程序编写效率和质量。

8.3.1　测字符串长度函数 strlen

strlen 函数的基本格式：

strlen(字符串首地址)

功能：测字符串的长度(不含字符串结束标志符“\0”)，函数返回值是字符串的字符个数。

例 8.3　请测量"how are you! "和"\t\v\\\0wi11\n"两个字符串长度。

程序实现：

```
#include"stdio.h"
#include"string.h"              //字符串处理库函数的头文件
int main()
{
    int  str1,str2;
    char s1[20] = "How are you! ";
    char s2[20] = "\t\v\\\0wi11\n";
    str1 = strlen(s1);          //strlen(s1)函数是计算 s2 字符数组中字符串的长度
    str2 = strlen(s2);
    printf("\n 字符串\"%s\"长度为：%d。\n",s1,str1);
    //格式控制字符串中输出双引号要使用转义字符\"
    printf("字符串\"\\t\\v\\\\\0wi11\\n\"长度为：%u\n",str2);
    //输出的字符串中有\0,因此不能使用%s 输出
    return 0;
}
```

程序运行结果见图 8.4。

```
字符串"How are you!"长度为:12。
字符串"\t\v\\0wi11\n"长度为:3

--------------------------------
Process exited after 0.03527 seconds with return value 0
请按任意键继续. . .
```

图 8.4　程序运行结果

说明：字符数组 s2 存储的字符串中因为存在转义字符\0，此字符也是字符串结束标识符，在计算字符串长度时程序执行提前遇到了字符串内的\0，默认为字符串测试结束，因此输出显示结果为 3。

8.3.2　字符串拷贝函数 strcpy

strcpy 函数的基本格式：

strcpy（目标字符串地址，源字符串地址）

功能：源字符串拷贝到目标字符串中，字符串结束标志符“\0”也一同拷贝，要求目标字符串存储空间足够大，至少能够容纳源字符串的内容。

例 8.4　使用 strcpy 函数将 str2[20]数组中的字符串"C Language"复制到 str1[20]里。

程序实现：

```
#include"stdio.h"
#include"string.h"
int main()
{
    char str1[20],str2[20] = "C Language";
    printf("\nstr2[20]中的字符串：");
    puts(str2);printf("\n");
    strcpy(str1,str2);      //str2 字符数组中的字符串字符复制到 str1 字符数组中
    printf("复制到 str1[20]中的字符串：");
    puts(str1);printf("\n");
    return 0;
}
```

程序运行结果见图 8.5。

```
str2[20]中的字符串：C Language

复制到str1[20]中的字符串：C Language


--------------------------------
Process exited after 0.03134 seconds with return value 0
请按任意键继续. . .
```

图 8.5　程序运行结果

8.3.3　字符串连接函数 strcat

strcat 函数的基本格式：

strcat（目标字符串地址，源字符串地址）

功能：连接两个字符串，将源字符串连接到从目标字符串结束符“\0”（包括字符串结束

符)开始的位置,函数调用结束后返回值为目标字符串地址,要求目标字符串存放空间长度足够大,能够容纳两个字符串的字符。

例 8.5　问答游戏,程序中提出了几个问题由操作者回答,回答完输出问答结果。

程序实现:

```
#include"stdio.h"
#include"string.h"
#include"stdlib.h"                    //system("cls")清屏库函数头文件
int main()
{
    int i;
    char answer[20];
    char question[4][50]={"\t\t 第 1 个问题 请问你的名字?",\
            "\n\t\t 第 2 个问题 请问你的年龄?",\
            "\n\t\t 第 3 个问题 请问你的家乡?",\
            "\n\t\t 第 4 个问题 请问你印象最深刻的一种家乡特产?",};
    printf("\n\t\t 我问你答现在开始\n\n");
    for(i=0;i<=3;i++)
    {
        printf("%s",question[i]);
        scanf("%s",answer);
        strcat(question[i],answer);//将答案字符串连接到问题字符串中
        getchar();
    }
    system("cls");                     //将前面的屏幕信息清除,是清屏库函数
    printf("\n\t\t 这是你的回答:\n\n");
    for(i=0;i<=3;i++)
        printf("%s\n",question[i]);
    return 0;
}
```

说明:程序实现了初始化赋值的字符数组(问题)与动态赋值的字符串(回答)的连接,需要注意问题字符数组的内存空间要足够大,保证能够保存问题和回答两个字符串中所有字符。

思考题:如果问题答案输入错误,如何实现问题重新回答?

8.3.4　字符串比较函数 strcmp

strcmp 函数的基本格式:

strcmp(字符串 1 首地址,字符串 2 首地址)

strcmp 函数功能是比较两个字符串,比较规则是两个字符串从左向右对应字符逐个比较(比较 ASCII 码值),直到遇到不同字符或“\0”为止。如果字符串 1 与字符串 2 的字符全

部相同，则认为相等；如果字符串1与字符串2不相同，则以第一个不相同的字符比较结果为准，ASCII码值大的字符串大，函数返回值带回整数值。

按照两个字符串比较规则判断：

(1) 若字符串1小于字符串2，函数返回值是负整数-1。

(2) 若字符串1大于字符串2，函数返回值是正整数1。

(3) 若字符串1等于字符串2，函数返回值是零0。

注意：两个字符串比较大小时要使用字符串比较函数strcmp，而不能使用关系表达式，例如"abc"=="abc"；在C语句的表述中是错误的。

例8.6　输入两个字符串并比较大小，验证字符串比较规则。

程序实现：

```
#include"stdio.h"
#include"string.h"
int main()
{
    int result;
    char str1[20],str2[20];
    printf("\n 请输入字符串 1:");
    scanf("%s",str1);
    printf("\n 请输入字符串 2:");
    scanf("%s",str2);
    result=strcmp(str1,str2);    //比较两个字符串大小
    if (result==0)
        printf("\n 字符串 1 和字符串 2 相等,结果为%d。",result);
    else if (result<0)
        printf("\n 字符串 1 小于字符串 2,结果为%d。",result);
    else
        printf("\n 字符串 1 大于字符串 2,结果为%d。",result);
    return 0;
}
```

程序运行结果见图8.6。

```
请输入字符串1: abcde

请输入字符串2: abcde

字符串1和字符串2相等，结果为0。
--------------------------------
Process exited after 12.07 seconds with return value 0
请按任意键继续. . .
```

(a)

图8.6　程序运行结果

```
请输入字符串1：abc

请输入字符串2：abcde

字符串1小于字符串2，结果为-1。
--------------------------------
Process exited after 10.8 seconds with return value 0
请按任意键继续. . .
```

(b)

```
请输入字符串1：abcde

请输入字符串2：abd

字符串1大于字符串2，结果为1。
--------------------------------
Process exited after 27.08 seconds with return value 0
请按任意键继续. . .
```

(c)

图 8.6(续) 程序运行结果

例 8.7 我爱背单词。

要求：

(1) 依次输入5个单词，中文放到字符数组ch中，单词放到字符数组en中。

(2) 菜单选择背单词模式。

(3) 错误给出正确答案，并统计单词背诵情况。

(4) 背单词结束，显示错误数量。

程序实现：

```
#include"stdio.h"
#include"string.h"
#include"stdlib.h"
void wordnote(char ch[5][20],char en[5][20])   //创建单词库
{
    int i;
    printf("\n\t\t 开始创建单词库:\n\n");
    for(i=0;i<5;i++)
    {
        printf("\n\t\t 请输入第%d 个中文:",i+1);
        gets(ch[i]);
        printf("\n\t\t 请输入第%d 个单词:",i+1);
        gets(en[i]);
    }
    system("cls");
```

```
}
int menu()//选项菜单
{
    int num;
    printf("\n\t\t 请选择背单词模式:\n\n");
    printf("\n\t\t1 看中文写单词\n\n");
    printf("\n\t\t2 看单词写中文\n\n");
    printf("\n\t\t 请选择:");
    scanf("%d",&num);
    return num;
}
int reciteword(int num,char ch[5][20],char en[5][20])  //背单词测试
{
    int i,sum=0;
    char en1[5][20],ch1[5][20];
    if(num==1)
    {
        for(i=0;i<5;i++)
        {
            printf("\n\t\t 第%d 个中文:%s\n\n",i+1,ch[i]);
            printf("\n\t\t 请输入单词:");
            scanf("%s",en1[i]);
            if (strcmp(en[i],en1[i])==0)
                printf("\n\t\t 回答正确继续努力!\n");
            else
            {
                sum=sum+1;
                printf("\n\t\t 正确答案是:%s\n",en[i]);
            }
        }
    }
    else
    {
        for(i=0;i<5;i++)
        {
            printf("\n\t\t 第%d 个单词:%s\n\n",i+1,en[i]);
            printf("\n\t\t 请输入中文:");
            scanf("%s",ch1[i]);
            if (strcmp(ch[i],ch1[i])==0)
                printf("\n\t\t 回答正确继续努力!\n");
```

```
            else
            {
                sum = sum + 1;
                printf("\n\t\t正确答案是:%s\n",ch[i]);
            }
        }
    }
    return sum;
}
int main()
{
    int num,sum;
    char ch[5][20],en[5][20];
    wordnote(ch,en);
    num = menu();
    sum = reciteword(num,ch,en);
    printf("\n\t\t一共背错了:%d。\n\n",sum);
    return 0;
}
```

单词库创建程序运行结果见图 8.7。

```
开始创建单词库:

请输入第1个中文:白色
请输入第1个单词:white
请输入第2个中文:黑色
请输入第2个单词:black
请输入第3个中文:红色
请输入第3个单词:red
请输入第4个中文:蓝色
请输入第4个单词:blue
请输入第5个中文:绿色
请输入第5个单词:green
```

图 8.7　单词库创建程序运行结果

选择 1 看中文写单词见图 8.8 和图 8.9。

```
请选择背单词模式：

1 看中文写单词

2 看单词写中文

请选择：1
```

图 8.8 看中文写单词模式选择

```
第1个中文:白色

请输入单词:white
回答正确继续努力!
第2个中文:黑色

请输入单词:blac
正确答案是：black
第3个中文:红色

请输入单词:red
回答正确继续努力!
第4个中文:蓝色

请输入单词:blue
回答正确继续努力!
第5个中文:绿色

请输入单词:greet
正确答案是：green
一共背错了：2。

--------------------------------
Process exited after 211.2 seconds with return value 0
请按任意键继续. . .
```

图 8.9 看中文写单词程序运行结果

选择 2 看单词写中文见图 8.10 和图 8.11。

```
请选择背单词模式:

1 看中文写单词

2 看单词写中文

请选择: 2
```

图 8.10　看单词写中文模式选择

```
第1个单词:white

请输入中文:白色
回答正确继续努力!
第2个单词:black

请输入中文:黑色
回答正确继续努力!
第3个单词:red

请输入中文:红色
回答正确继续努力!
第4个单词:blue

请输入中文:蓝色
回答正确继续努力!
第5个单词:green

请输入中文:绿色
回答正确继续努力!
一共背错了: 0。


--------------------------------
Process exited after 84.07 seconds with return value 0
请按任意键继续. . .
```

图 8.11　看单词写中文程序运行结果

知识点 8.4　字 符 指 针

指针就是地址，字符指针是指向字符数据的指针变量。字符指针具体语法格式为：

char *指针变量名

例如：

```
    char *p, *q;
    char ch,a[20];
    p=&ch;  //字符指针变量 p 指向字符变量 ch
    q=a;    //字符指针变量 q 指向字符数组 a
```

例 8.8　输入一个字符，使用字符指针变量输出这个字符。

程序实现：

```
#include"stdio.h"
int main()
{
    char ch;
    char *p;
    p=&ch;
    printf("\n 请输入一个字符：");
    ch=getchar();
    printf("\n 使用指针变量输出：");
    putchar(*p);
    //putchar 函数的参数是一个字符，因此使用 *p 表示指向 ch 字符变量中存储的
      字符，*p 等价于 ch
    return 0;
}
```

程序运行结果见图 8.12。

```
请输入一个字符：A

使用指针变量输出：A
--------------------------------
Process exited after 5.312 seconds with return value 0
请按任意键继续. . .
```

图 8.12　程序运行结果

例 8.9　字符指针指向一个字符串常量，输出显示这个字符串常量。

程序实现：

```
#include"stdio.h"
int main()
{
    const char *p="青岛科技大学";
    //指针变量指向字符串常量,const char 类型程序运行时数据不可修改
    printf("\n 使用指针变量输出:");
    puts(p);
    return 0;
}
```

程序运行结果见图 8.13。

```
使用指针变量输出：青岛科技大学

--------------------------------
Process exited after 0.03024 seconds with return value 0
请按任意键继续. . .
```

图 8.13　程序运行结果

例 8.10　字符指针指向一个字符数组,依次输出字符数组元素值。

程序实现:

```
#include"stdio.h"
#include"string.h"
int main()
{
    int i,n;
    char  *p;
    char s1[20]="How are you! ";
    p=s1;
    n=strlen(p);
    printf("\n 使用指针变量输出字符数组中元素值:");
    for(i=0;i<=n;i++)
        putchar(p[i]);  //p[i]等价于 s1[i]
    return 0;
}
```

程序运行结果见图 8.14。

```
使用指针变量输出字符数组中元素值：How are you!
--------------------------------
Process exited after 0.02789 seconds with return value 0
请按任意键继续. . .
```

图 8.14　程序运行结果

任务实施

任务1:如何将例8.2单词闯关小游戏的功能编写成函数形式。

任务2:例8.5程序运行时如果问题答案输入错误如何实现问题重新回答?

任务评价与考核表

学习任务 8　字符串操作			综合评分：
知识点掌握情况(60 分)			
序号	知识点	总分值	得分
1	字符类型数据	15	
2	字符数组	15	
3	字符串处理函数	15	
4	字符指针	15	
任务完成情况(40 分)			
序号	任务内容	总分值	得分
1	任务 1:如何将例 8.2 单词闯关小游戏的功能编写成函数形式	20	
2	任务 2:例 8.5 程序运行时如果问题答案输入错误如何实现问题重新回答	20	

任务测试练习题

单选题

1. 字符类型数据在计算机中以________的形式存储。

A. 二进制　　B. 八进制　　C. ASCII 码　　D. BCD 码

2. 定义:char a[4][2];二维数组 a 在内存中占________个字节。

A. 2B　　4　　C. 6　　D. 8

3. 测字符串长度函数是________。

A. strlen()　　B. strcpy()　　C. strcat()　　D. strcmp()

4. 定义:char ch, * p;,下列语句正确的是________。

A. ch=&p.　　B. p=&ch　　C. p= * ch　　D. * p=ch

判断题

1. 字符变量的类型说明符是 char。(　　)
2. C 语言中有字符串常量,也有字符串变量。(　　)
3. strcpy 函数是字符串拷贝函数。(　　)
4. 字符指针不能指向字符串常量。(　　)
5. strlen("\\0abc\0ef\0g")的返回值是 5。(　　)
6. 两个字符串大小比较的原则是字符个数多的比字符个数少的字符串大。(　　)

填空题

1. 字符类型数据主要包括两大类：字符和________。

2. 字符串结束的标志符是________。

3. 字符串比较函数是________。

4. 字符指针是指向字符数据的指针________。

5. 字符串“university”在内存中占________个字节。

6. strcpy 函数对应的头文件是________。

程序设计题

1. 输入一个字符串，其中有若干空格，请编写程序删除字符串中的所有空格。

2. 将例 8.6 的猜灯谜小游戏改为 2 人对战模式，即 1 人出 5 题，另 1 人答，然后互换出题和回答，对战结束统计得分。

学习任务9　结构体操作

学习目标

1. 熟练掌握结构体的定义、初始化和引用。
2. 熟练掌握结构体变量的使用方法。
3. 熟练掌握结构体数组的使用方法。
4. 熟悉掌握结构体指针的使用方法。

知识准备

知识点9.0　引　　例

引例　编写一个猜灯谜小游戏。

要求：

(1) 通过键盘输入3个灯谜，谜面存入 riddle[3][50]，谜底存入 answer[3][50]。

(2) 清屏后，让同学根据谜面猜谜底，猜对记1分，猜错记0分。

(3) 猜完显示得分情况。

程序实现：

```
#include"stdio.h"
#include"string.h"
#include"stdlib.h"
int main()
{
    int i,sum=0;
    char riddle[3][50];
    char answer[3][50],answer1[3][50];
    for(i=0;i<3;i++)
    {
        printf("\n\t\t请输入第%d个灯谜谜面:",i+1);
        gets(riddle[i]);
```

```
        printf("\n\t\t 请输入第%d 个灯谜谜底：",i+1);
        gets(answer[i]);
    }
    system("cls");
    printf("\n\t\t 猜灯谜游戏正式开始：\n\n");
    for(i=0;i<3;i++)
    {
        printf("\n\t\t 第%d 个灯谜谜面：%s\n\n",i+1,riddle[i]);
        printf("\n\t\t 请输入第%d 个灯谜谜底：",i+1);
        scanf("%s",answer1[i]);
        if (strcmp(answer[i],answer1[i])==0)
            sum=sum+1;
    }
    printf("\n\t\t 猜灯谜得分：%d。\n\n",sum);
    return 0;
}
```

程序运行结果见图 9.1 和图 9.2。

```
请输入第1个灯谜谜面:水上工程，猜一个字。
请输入第1个灯谜谜底:汞
请输入第2个灯谜谜面:需要一半，留下一半，猜一个字。
请输入第2个灯谜谜底:雷
请输入第3个灯谜谜面:一斗米，猜一个字。
请输入第3个灯谜谜底:料
```

图 9.1　输入选择界面

```
猜灯谜游戏正式开始:

第1个灯谜谜面:水上工程，猜一个字。

请输入第1个灯谜谜底:汞
第2个灯谜谜面:需要一半，留下一半，猜一个字。

请输入第2个灯谜谜底:雷
第3个灯谜谜面:一斗米，猜一个字。

请输入第3个灯谜谜底:料
猜灯谜得分：3。

--------------------------------
Process exited after 53.21 seconds with return value 0
请按任意键继续. . .
```

图 9.2　猜灯谜游戏程序运行结果

说明：引例中用了 2 个字符数组，一个存放谜面，一个存放谜底，这两个数组中的对应数组元素间存在着密切的关系，但却储存在不同的数组中，使用时也是单独使用，如何将有关联的数据存放在一起管理，这是结构体类型可以解决的问题。

知识点 9.1　定义结构体类型

结构体（struct）类型是一种数据结构，可以实现不同数据类型的数据关联，需要先定义结构，再定义结构体变量、结构体指针或结构体数组等，然后使用其变量、指针和数组进行数据的处理。

定义结构体类型的基本格式：

```
struct 结构体类型名
{
    成员表；
}；
```

说明：

(1) struct 是定义结构体类型的关键字。

(2) 结构体类型名的命名符合标识符命名规则。

(3) 成员表是由构成定义的结构体类型中的基本数据类型的元素组成，其成员可表示为：

类型说明符 成员名；

其中，类型说明符为基本数据类型，成员名的命名符合标识符命名规则。

例如：

(1) 引例中谜面和谜底两个字符数组相关联可以构建一个谜语的结构体类型。

```
struct miyu                 //谜语结构体类型
{
    int num；               //谜语编号
    char riddle[50]；       //谜面
    char answer[50]；       //谜底
}；
```

说明：定义了一个谜语的结构体类型，有三个结构体成员：整型变量 num，字符数组 riddle 和字符数组 answer。

(2) 构建一个学生信息的结构体类型。

```
struct student              //学生信息结构体类型
{
    char num[10]；          //学号
    char name[20]；         //姓名
    int  age；              //年龄
    char telephone[11]；    //电话
}；
```

说明:定义一个学生信息的结构体类型,有四个结构体成员,分别为字符数组 num,字符数组 name,整型变量 age,字符数组 telephone。

结构体类型定义后,还不能直接使用,需要再定义结构体变量、指针或数组,才能通过使用其变量、指针或数组处理数据。

知识点 9.2 结构体变量

定义结构体类型后,需要再定义结构体变量才能使用,结构体变量使用方式和普通变量的一样。

9.2.1 定义结构体变量

定义结构体变量主要有两种方式,一种是定义结构体类型同时定义结构体变量,另一种是先定义结构体类型再定义结构体变量。

1. 定义结构体类型同时定义结构体变量

一般形式:

```
struct 结构体类型名
{
    成员表;
}结构体变量表;   //若定义多个结构体变量,用“,”隔开
```

例如:

(1) 定义一个谜语结构体变量。

```
struct miyu
{
    int num;
    char riddle[50];
    char answer[50];
}m1;
```

说明:m1 定义为一个谜语结构体变量。

(2) 定义一个学生信息的结构体变量。

```
struct student
{
    char num[10];
    char name[20];
    int  age;
    char telephone[11];
} stu;
```

说明:stu 定义为一个学生信息结构体变量。

2. 先定义结构体类型再定义结构体变量

一般形式：

```
struct 结构体类型名
{
    成员表;
};
struct 结构体类型名    结构体变量表;
```

例如：

(1) 定义一个谜语结构体变量。

```
struct miyu
{
    int num;
    char riddle[50];
    char answer[50];
};
struct miyu m1;
```

说明：m1定义为一个谜语结构体变量。

(2) 定义一个学生信息的结构体变量。

```
struct student
{
    char num[10];
    char name[20];
    int  age;
    char telephone[11];
};
struct student stu;
```

说明：stu定义为一个学生信息结构体变量。

9.2.2　结构体变量成员引用

结构体作为一个由多种数据类型构建的数据结构形式，一般情况下对其变量的操作，是指对其变量中某一成员的数据进行操作，此操作使用结构体变量成员引用的方式实现成员定位。

结构体变量成员引用的一般形式：

结构体变量名.成员名

说明：结构体变量名与成员名之间是成员运算符“.”，在成员数值存取时使用，其优先级最高，并具有左结合性。

例如：

```
m1.num    //谜语结构体变量m1的num成员
stu.age   //学生信息结构体变量stu的age成员
```

9.2.3 结构体变量初始化

结构体变量初始化的方法主要有两种:定义结构体变量时进行初始化;在C程序中添加初始化语句。

1. 定义结构体变量时初始化

(1) 一个谜语结构体变量初始化。

例如:

```
struct miyu
{
    int num;
    char riddle[50];
    char answer[50];
}m1={1,"水上工程,猜一个字。","汞"};
```

说明:m1定义为谜语结构体变量,初始化时需要根据成员数据类型依次对应赋值。

(2) 一个学生信息的结构体变量初始化。

例如:

```
struct student
{
    char num[10];
    char name[20];
    int  age;
    char telephone[11];
} stu={"2001060120","叶臣",20,"136*****222"};
```

2. 程序运行时执行赋值语句初始化

(1) 结构体变量整体赋值。

例如:

```
struct miyu
{
    int num;
    char riddle[50];
    char answer[50];
}m1={1,"水上工程,猜一个字。","汞"};
struct miyu m2;
//m1和m2是相同结构体类型的结构体变量,m1的值可以整体赋给m2
m2=m1;
```

(2) 依次给结构体变量成员赋值。

例如:

```
struct student
{
    char num[10];
    char name[20];
    int  age;
    char telephone[11];
} stu;
strcpy(stu.num,"2001060120");
strcpy(stu.name,"叶臣");
stu.age=20;
strcpy(stu.telephone,"136****222");
```

说明：结构体类型变量成员中字符数组的赋值，不能直接使用"="，例如，stu.num="2001060120"，这是错误的，因为num是数组名，不允许采用这种方式直接赋值，而要使用字符串拷贝函数strcpy实现对num字符数组的赋值，例如strcpy(stu.num,"2001060120")。

9.2.4 结构体变量应用

例9.1　定义一个谜语结构体类型，实现该类型变量的初始化，然后输出该变量的值。

程序实现：

```
#include"stdio.h"
struct miyu
{
    int num;
    char riddle[50];
    char answer[50];
}m1={1,"水上工程，猜一个字。","汞"};
int main()
{
    printf("\n\t\t第%d个谜语\n",m1.num);
    printf("\n\t\t谜面：%s\n",m1.riddle);
    printf("\n\t\t谜底：%s\n",m1.answer);
    return 0;
}
```

程序运行结果见图9.3。

```
第1个谜语

谜面:水上工程，猜一个字。

谜底:汞

--------------------------------
Process exited after 0.03403 seconds with return value 0
请按任意键继续. . .
```

图 9.3 程序运行结果

例 9.2 定义一个学生信息结构体类型，键盘输入一个学生信息，然后输出该学生信息。

程序实现：

```
#include"stdio.h"
struct student
{
    char num[10];
    char name[20];
    int  age;
    char telephone[11];
};
int main()
{
    struct student stu;
    printf("\n\t\t 请输入学生信息\n");
    printf("\n\t\t 学号：");
    scanf("%s",stu.num);
    getchar();
    printf("\n\t\t 姓名：");
    scanf("%s",stu.name);
    printf("\n\t\t 年龄：");
    scanf("%d",&stu.age);
    printf("\n\t\t 电话：");
    scanf("%s",stu.telephone);
    printf("\n\n\t\t 学生信息\n");
    printf("\n\t\t 学号：%s\n",stu.num);
    printf("\n\t\t 姓名：%s\n",stu.name);
    printf("\n\t\t 年龄：%d\n",stu.age);
    printf("\n\t\t 电话：%s\n",stu.telephone);
    return 0;
}
```

程序运行结果见图9.4。

```
请输入学生信息
学号：200106120
姓名：叶臣
年龄：20
电话：136*****222

学生信息
学号：200106120
姓名：叶臣
年龄：20
电话：136*****222

--------------------------------
Process exited after 23.94 seconds with return value 0
请按任意键继续. . .
```

图9.4　程序运行结果

知识点9.3　结构体数组

结构体数组的定义方式与结构体变量是类似的，每一个数组元素都是一个结构体变量。

结构体数组初始化的方式同结构体变量也是类似的，但在定义结构体类型同时定义结构体数组并初始化时有两种方式：按照结构体数组元素初始化和按顺序依次初始化。

例如：定义一个学生C语言成绩信息结构体类型，并定义可存储3个学生成绩的此类型结构体数组，同时进行初始化。

(1) 按照结构体数组元素初始化。

```
struct C_score
{
    char name[20];
    int score;
}c[3]={{"王明",90},{"李龙",75},{"赵红",86}};
```

(2) 按顺序依次初始化。

```
struct C_score
{
    char name[20];
    int score;
}c[3]={"王明",90,"李龙",75,"赵红",86};
```

例9.3　定义一个学生C语言成绩信息结构体类型，并定义可存储3个学生成绩的此类型结构体数组，输入 3 个学生成绩，并找出最高分学生姓名。

程序分析：

(1) 定义 C 语言成绩信息结构体，包含成员姓名 name 和分数 score。

(2) 定义学生数组 c[3]。

(3) 数组数据读入过程中，查找最高分，并使用变量 max_i 存放最高分的数组元素位置，初始为 0。读入第 i 个分数，如果高于 max_i 位置的分数，则 max_i 的值更新为 i。

(4) 数据输入完成后，max_i 即为最高分数组的下标，此时输出 max_i 下标对应的 name 即为最高分学生姓名。

程序实现：

```
#include"stdio.h"
struct C_score
{
    char name[20];
    int score;
};
struct C_score c[3];        //定义结构体数组
int main()
{
    int i,max_i=0;   //max_i:分数最高的学生的下标
    printf("\n请输入3名学生成绩\n");
    for(i=0; i < 3; ++i)
    {
    printf("\n第%d名学生姓名 成绩:",i+1);
    scanf("%s %d",c[i].name,&c[i].score);
    if(c[i].score > c[max_i].score)
    max_i=i;
    }
printf("\nC语言成绩最高分的同学是:%s",c[max_i].name);
return 0;
}
```

程序运行结果见图 9.5。

```
请输入3名学生成绩

第1名学生姓名 成绩：王明 90

第2名学生姓名 成绩：李龙 75

第3名学生姓名 成绩：赵红 86

C语言成绩最高分的同学是：王明
--------------------------------
Process exited after 19.94 seconds with return value 0
请按任意键继续. . .
```

图 9.5 程序运行结果

知识点 9.4　结构体指针

指向结构体指针在定义和使用时，与前面所学习的指向变量和数组的指针内容是一样的。

结构体指针定义的一般形式：

struct　结构体类型名　 * 结构体指针名；

说明：定义的结构体指针可以指向相同结构体类型的变量或数组。

例 9.4　使用结构体指针形式改写例 9.3 的程序。

程序实现：

```
#include"stdio.h"
struct C_score
{
    char name[20];
    int score;
}c[3], * p;
int main()
{
    int i,max_i=0;              //max_i:分数最高的学生的下标
    p=c;                        //结构体指针 p 指向结构体数组 c
    printf("\n 请输入 3 名学生成绩\n");
    for(i=0; i < 3; ++i)
    {
        printf("\n 第%d 名学生姓名 成绩:",i+1);
        scanf("%s %d",c[i].name,&c[i].score);
        if((p+i)->score> p[max_i].score)
        //(p+i)->score 等价于 p[i].score 等价于 c[i].score
            max_i=i;
    }
    printf("\nC 语言成绩最高分的同学是:%s",c[max_i].name);
    return 0;
}
```

程序运行结果见图 9.6。

```
请输入3名学生成绩
第1名学生姓名 成绩：王明 90
第2名学生姓名 成绩：李龙 75
第3名学生姓名 成绩：赵红 86
C语言成绩最高分的同学是：王明
--------------------------------
Process exited after 19.94 seconds with return value 0
请按任意键继续. . .
```

图 9.6　程序运行结果

任务实施

任务：定义一个谜语结构体类型，使用结构体类型数组形式改写引例程序。

谜语结构体：

```
struct miyu
{
int num;
char riddle[50];
char answer[50];
};
```

任务评价与考核表

学习任务 9　结构体操作			综合评分：
知识点掌握情况(70 分)			
序号	知识点	总分值	得分
1	定义结构体类型	20	
2	结构体变量	20	
3	结构体数组	15	
4	结构体指针	15	
任务完成情况(30 分)			
序号	任务内容	总分值	得分
1	任务：定义一个谜语结构体类型，使用结构体类型数组形式改写引例程序	30	

任务测试练习题

选择题

1. 结构体（struct）类型是一种________，可以实现不同数据类型的数据关联。

A. 数据结构　　B. 数据聚合　　C. 数据联合　　D. 数据框架

2. 定义多个结构体变量时，用________隔开。

A. 分号　　B. 句号　　C. 顿号　　D. 逗号

3. 定义结构体类型同时定义结构体数组并初始化时有________种方式。

A. 1　　B. 2　　C. 3　　D. 4

4. 定义的结构体指针可以指向________结构体类型的变量或数组。

A. 其他已定义　　B. 其他未定义　　C. 非　　D. 相同

判断题

1. 结构体类型定义后，可以直接使用。（　　）

2. 结构体类型变量成员中字符数组可以使用“=”直接赋值，例如：stu. num = "2001060120"。（　　）

3. 结构体数组中每一个数组元素都是一个结构体变量。（　　）

4. 结构体指针定义的一般形式：struct　*结构体类型名　结构体指针名；。（　　）

填空题

1. ________是定义结构体类型的关键字。

2. 结构体变量名与成员名之间是成员运算符“.”，在成员数值存取时使用，其优先级最高，并具有________（左/右）结合性。

3. 定义结构体类型同时定义结构体数组并初始化时可以按照结构体数组________初始化。

4. 结构体指针 p 指向结构体变量的成员 score 时，可表示为________。

程序设计题

使用结构体类型编写程序实现“我爱背单词”。

要求：

(1) 依次输入 5 个单词，中文放到字符数组 ch 中，单词放到字符数组 en 中；

(2) 菜单选择背单词模式；

(3) 如回答错误则给出正确答案，并统计单词背诵情况；

(4) 背单词结束，显示错误数量。

学习任务10　文 件 操 作

学习目标

1. 理解文件的概念。
2. 掌握文件的基本操作。
3. 掌握文件的应用。

知识准备

知识点10.0　引　　例

引例　输入5名学生C语言成绩,求平均分和总分。

程序实现:

```
#include"stdio.h"
struct C_score
{
    char name[20];
    int score;
};
struct C_score c[5];          //定义结构体数组
int main()
{
    int i,sum=0;
    float aver;
    printf("\n请输入5名学生成绩\n");
    for(i=0; i<5; i++)
    {
        printf("\n第%d名学生姓名 成绩:",i+1);
        scanf("%s %d",c[i].name,&c[i].score);
        sum=sum+c[i].score;
```

```
    }
    aver = sum/5;
    printf("\nC 语言成绩总成绩是：%d\n\n 平均分是：%.1f\n",sum,aver);
    return 0;
}
```

程序运行结果见图 10.1。

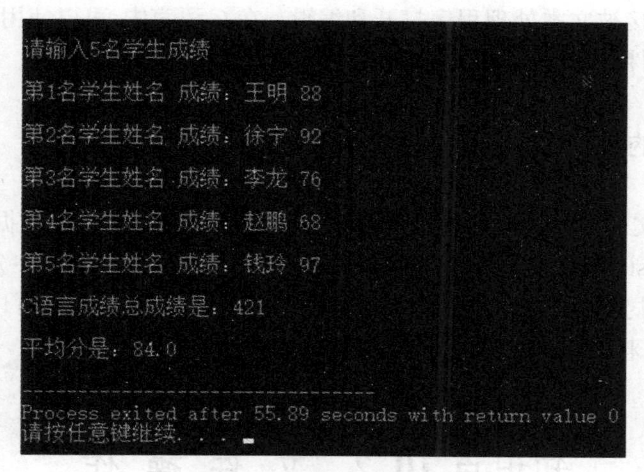

图 10.1 程序运行结果

说明：引例是一个 5 名学生的成绩统计程序，5 人的数据量对于实际应用而言太小，一般情况教师统计分析成绩多于 5 人，多时达到几百人，这种数据量情况下单纯使用数组存储和处理，需要占用大量内存，是不恰当的，需要使用适合较大数据量存储和处理的方式，这种方式就是本章节要讲述的文件操作模式。

知识点 10.1 文件概述

C 语言是一种通用的编程语言，具有广泛的应用领域。其中，文件操作是 C 语言中较为基本、常用的操作之一，可以用于读取和写入文件中的数据。

10.1.1 文件的概念

文件是一种数据存储方式，可以存储在计算机磁盘或其他外部媒体中。文件是任何类型的数据或信息集合，例如文本、图像、声音、视频等。在 C 语言中，文件可以是二进制或文本格式。文件中的数据可以通过文件操作函数进行读取和写入。

10.1.2 文件的分类

C 语言中的文件可以分为文本文件和二进制文件两种类型。

1．文本文件

文本文件是由字符组成的，每个字符都可以用ASCII码表示。文本文件可以直接被文本处理程序打开和编辑。在C语言中，可以使用fscanf()、fprintf()、fgetc()、fputc()、fgets()、fputs()函数来对文本文件进行读写操作。

2．二进制文件

二进制文件由一系列二进制数据组成，这些数据可以表示程序、声音、视频或其他数据。二进制文件不能直接被文本处理程序打开和编辑。在C语言中，可以使用fread()和fwrite()函数来对二进制文件进行读写操作。

10.1.3 流的概念

在C语言中，文件操作是通过流(stream)来进行的。流是指一个数据传输的序列，它可以是输入流(input stream)或输出流(output stream)。流通常是按照一定的规则进行读写的，例如读取文件时会按照文件指针的位置读取数据。在C语言中，可以使用标准I/O库(stdio.h)中的函数来进行流操作。

知识点10.2 文 件 操 作

10.2.1 文件的打开和关闭

在进行文件读写操作之前，需要先打开文件。C语言提供了fopen函数来打开文件，其函数原型：

```
FILE *fopen(const char *filename, const char *mode);
```

其中，filename是打开的文件名，包含文件路径，mode为打开文件的模式。fopen函数返回一个file类型的指针，该指针指向了存放对应文件信息的结构体变量，可以用于后续的文件读写操作，如果打开文件失败，会返回一个空指针(NULL)。

mode参数：

(1) "r"：以只读方式打开文件，文件必须存在。

(2) "w"：以写入方式打开文件，如果文件存在则清空文件，如果文件不存在则创建文件。

(3) "a"：以追加方式打开文件，如果文件不存在则创建文件。

(4) "rb"：以二进制只读方式打开文件，文件必须存在。

(5) "wb"：以二进制写入方式打开文件，如果文件存在则清空文件，如果文件不存在则创建文件。

(6) "ab"：以二进制追加方式打开文件，如果文件不存在则创建文件。

打开文件操作结束后，需要使用fclose函数来关闭文件。fclose函数的函数原型：

```
int fclose(FILE *stream);
```

其中,stream 是指向关闭文件的指针。fclose 函数将把内存缓冲区中所有未写入磁盘的数据写入磁盘,并关闭文件。

例 10.1　打开和关闭文件。

程序实现:

```
#include "stdio.h"
int main()
{
    FILE *fp;
    //打开文件
    if ((fp = fopen("test.txt", "w")) == NULL)
    {
        printf("打开文件失败\n");
        return 1;
    }
    //向文件写入数据
    fprintf(fp, "Hello, world! \n");
    //关闭文件
    fclose(fp);
    return 0;
}
```

程序运行时会在源程序所在目录下生成一个文本文件 test. txt,并写入"Hello, world! "字符串内容,文件操作示例见图 10.2。

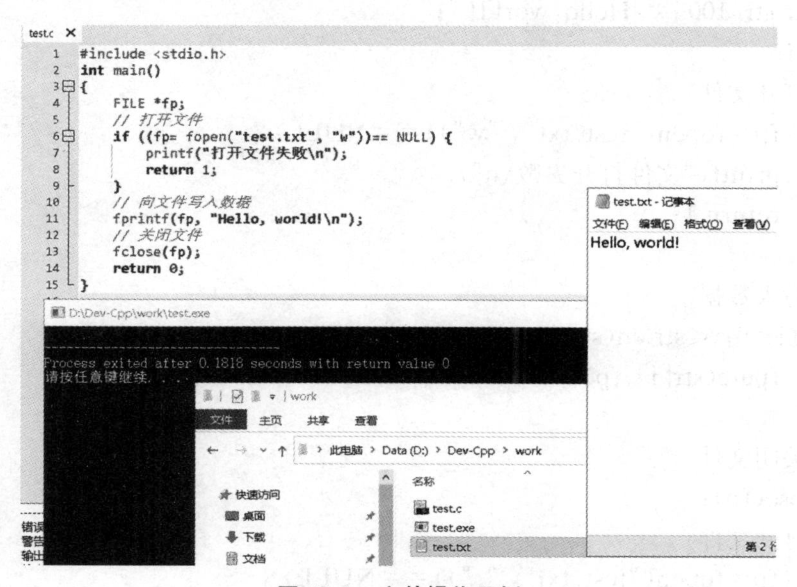

图 10.2　文件操作示例

在例中,使用 fopen 函数打开文件,使用 fprintf 函数向文件中写入数据,使用 fclose 函数关闭文件。

10.2.2 文件读写操作

C语言提供了一系列函数用于进行文件读写操作。下面是一些常用的文件读写函数：

1. fgetc 和 fputc

fgetc 函数用于从文件中读取一个字符，其函数原型：

int fgetc(FILE *stream);

其中，stream 是指向要读取文件的指针。fgetc 函数返回读取的字符，如果到达文件结尾则返回 EOF。

fputc 函数用于将一个字符写入到文件中，其函数原型：

int fputc(int c, FILE *stream);

其中，c 是要写入的字符，该字符是以整型数值方式进行参数传递，stream 是要写入的文件指针。

fputc 函数的返回值是写入的字符，如果写入失败，则返回 EOF。使用时需要注意，写入的文件必须是以写入模式打开的，否则写入失败。

例 10.2 fgetc 和 fputc 函数进行文件读写操作。

程序实现：

```
#include "stdio.h"
#include "string.h"
int main()
{
    FILE *fp;
    char str[100] = "Hello,world! ";
    int i;
    //打开文件
    if ((fp = fopen("test.txt", "w")) == NULL) {
        printf("文件打开失败\n");
        return 1;
    }
    //写入数据
    for(i = 0;i<strlen(str);i++){
        fputc(str[i],fp);
    }
    //关闭文件
    fclose(fp);
    //打开文件
    if ((fp = fopen("test.txt", "r")) == NULL) {
        printf("文件打开失败\n");
        return 1;
    }
```

```
    //读取数据
    char ch;
    while((ch=fgetc(fp))!=EOF){
        putchar(ch);
    }
    //关闭文件
    fclose(fp);
    return 0;
}
```

例中循环调用 fputc 函数将字符串内容写入文件，使用 fgetc 函数从文件中一个字符一个字符读出，并将其输出到控制台。

EOF 是"End Of File"（文件结束符）。它是一个预定义的常量，通常被定义为-1，表示一个文件读取操作的结束。当读取一个文件时，EOF 告诉程序已经到达了文件的末尾，可以停止读取了。

EOF 在 C 语言中经常被用来作为文件读取结束的标志。当 fgetc()、fgets()、fscanf()等读取函数返回 EOF 时，表示已经读取到了文件的末尾。类似地，当 fputc()、fputs()、fprintf()等写入函数返回 EOF 时，表示写入失败或出现了错误。

2. fgets 和 fputs

fgets 函数用于从文件中读取一行，其函数原型：

```
char * fgets(char * str, int n, FILE * stream);
```

其中，str 是读取的字符存储的缓冲区，n 为缓冲区大小，stream 是要读取的文件指针。fgets 函数返回读取的字符存储的缓冲区地址，如果到达文件结尾则返回 NULL。

fputs 函数用于向文件中写入一行，其函数原型：

```
int fputs(const char * str, FILE * stream);
```

其中，str 是要写入的字符串，stream 是要写入的文件指针。fputs 函数返回，成功写入字符数，如果写入失败则返回 EOF。

例 10.3　使用 fgets 和 fputs 函数进行文件读写操作。

程序实现：

```
#include "stdio.h"
int main()
{
    FILE * fp;
    char str[100];
    //打开文件
    if ((fp=fopen("test.txt", "w"))==NULL){
        printf("文件打开失败\n");
        return 1;
    }
    //写入数据
    fputs("Hello, world!\n", fp);
```

```
    //关闭文件
    fclose(fp);
    //打开文件
    if ((fp=fopen("test.txt", "r"))==NULL) {
        printf("文件打开失败\n");
        return 1;
    }
    //读取数据
    fgets(str, 100, fp);
    printf("%s", str);
    //关闭文件
    fclose(fp);
    return 0;
}
```

该例中使用fputs函数向文件中写入一行数据,使用fgets函数从文件中读取一行数据,并将其输出到控制台。

3. fscanf和fprintf

fscanf函数用于从文件中读取格式化的数据,其函数原型:

int fscanf(FILE *stream, const char *format,…);

其中,stream是文件指针,format是格式化字符串,后面的参数是要读取的数据,返回值是成功读取的数据个数。fscanf的第一个参数取stdin(标准输入流,指键盘),等同于scanf。

fprintf函数用于将格式化的数据输出到文件中,其函数原型:

int fprintf(FILE *stream, const char *format,…);

其中,stream是文件指针,format是格式化字符串,后面的参数是要输出的数据,返回值是输出的字符数。fprintf的第一个参数取stdout(标准输出流,即显示器),等同于printf。

例10.4　使用fscanf和fprintf函数进行文件读写操作。

程序实现:

```
#include "stdio.h"
int main()
{
    FILE *fp;
    char str[100];
    //打开文件
    if ((fp=fopen("test.txt", "w"))==NULL) {
        printf("文件打开失败\n");
        return 1;
    }
    //写入数据
    fprintf(fp,"Hello,world! ");
    //关闭文件
```

```
    fclose(fp);
    //打开文件
    if ((fp = fopen("test.txt", "r")) == NULL) {
        printf("文件打开失败\n");
        return 1;
    }
    //读取数据
    fscanf(fp, "%s", str);
    printf("%s", str);
    //关闭文件
    fclose(fp);
    return 0;
}
```

该例中使用 fprintf 函数向文件中写入一个字符串,使用 fscanf 函数从文件中读出这个字符串,并将其输出到控制台。

4. fread 和 fwrite

fread 函数用于从文件中读取二进制数据,其函数原型:

```
size_t fread(void *ptr, size_t size, size_t count, FILE *stream);
```

其中,ptr 是读取的数据存储的缓冲区,size 是每个数据项的大小,count 是要读取的数据项数,stream 是要读取的文件指针。fread 函数返回成功读取的数据项数。

fwrite 函数用于向文件中写入二进制数据,其函数原型:

```
size_t fwrite(const void *ptr, size_t size, size_t count, FILE *stream);
```

其中,ptr 是要写入的数据存储的缓冲区,size 为每个数据项的大小,count 为要写入的数据项数,stream 为要写入的文件指针。fwrite 函数返回,成功写入数据项数,写入失败则返回 EOF。

例 10.5 使用 fread 和 fwrite 函数进行文件读写操作。

程序实现:

```
#include "stdio.h"
int main()
{
    FILE *fp;
    int i;
    int data[5] = { 1, 2, 3, 4, 5 };
    //打开文件
    if ((fp = fopen("test.dat", "wb")) == NULL)
    {
        printf("文件打开失败\n");
        return 1;
    }
    //写入数据
```

```
    fwrite(data, sizeof(int), 5, fp);
    //关闭文件
    fclose(fp);
    //打开文件
    if ((fp=fopen("test.dat", "rb"))==NULL)
    {
        printf("文件打开失败\n");
        return 1;
    }
    //读取数据
    fread(data, sizeof(int), 5, fp);
    for (i=0; i<5; i++)
    {
        printf("%d ", data[i]);
    }
    printf("\n");
    //关闭文件
    fclose(fp);
    return 0;
}
```

例中使用 fwrite 函数向二进制文件中写入一个包含 5 个整数的数组,使用 fread 函数从二进制文件中读取这个数组,并将其输出到控制台。

5. fseek 和 ftell

前面操作都是对文件进行顺序读写,即从上而下依次读写。若要实现随机读写,即可以任意定位要读写的位置,就要用到 fseek 函数。

fseek 函数用于移动文件指针的位置,即读写的位置,其函数原型:

```
int fseek(FILE *stream, long offset, int whence);
```

其中,stream 是要操作的文件指针,offset 是偏移量,whence 是偏移量的起始位置,可以是常量 SEEK_SET(文件开头)、SEEK_CUR(当前位置)或 SEEK_END(文件结尾)中的一个。fseek 函数返回 0 表示成功,返回非 0 值表示失败。

ftell 函数用于获取当前文件指针的位置,其函数原型:

```
long ftell(FILE *stream);
```

其中,stream 是要操作的文件指针。ftell 函数返回当前文件指针的位置。

例 10.6　使用 fseek 和 ftell 函数进行文件操作。

程序实现:

```
#include "stdio.h"
int main()
{
    FILE *fp;
    char ch;
```

```
    //打开文件
    if ((fp=fopen("test.txt", "r"))==NULL) {
        printf("文件打开失败\n");
        return 1;
    }
    //移动文件指针
    fseek(fp, 0, SEEK_END);
    long size=ftell(fp);
    //输出文件大小
    printf("File size: %ld bytes.\n", size);
    //关闭文件
    fclose(fp);
    return 0;
}
```

例中使用fseek函数将文件指针移动到文件末尾,使用ftell函数获取文件指针的位置,从而得到文件大小,并将其输出到控制台。

6. rewind 和 feof

rewind函数用于将文件指针移动到文件开头,其函数原型:

void rewind(FILE *stream);

其中,stream为要操作的文件指针。

feof函数用于检查文件是否已经到达文件结尾,其函数原型:

int feof(FILE *stream);

其中,stream是要操作的文件指针。如果文件指针已经到达文件结尾,则feof函数返回非0值,否则返回0。

例10.7　使用rewind和feof函数进行文件操作。

程序实现:

```
#include "stdio.h"
int main()
{
    FILE *fp;
    char ch;
    //打开文件
    if ((fp=fopen("test.txt", "r"))==NULL) {
        printf("文件打开失败\n");
        return 1;
    }
    //读取文件内容
    while (!feof(fp)) {
        ch=fgetc(fp);
        printf("%c", ch);
```

```
    }
    //将文件指针移动到文件开头
    rewind(fp);
    //读取文件内容
    while (! feof(fp)) {
        ch=fgetc(fp);
        printf("%c", ch);
    }
    //关闭文件
    fclose(fp);
    return 0;
}
```

例中使用 feof 函数检查文件指针是否到达文件结尾,从而判断是否继续读取文件内容。然后,使用 rewind 函数将文件指针移动到文件开头,即可再次读取文件内容。

知识点 10.3 文件应用

10.3.1 文本文件的读写

例 10.8 从一个文本文件中读取若干个整数,将其排序后写入到另一个文本文件中。

程序实现:

```
#include "stdio.h"
#include "stdlib.h"
#define MAX_SIZE 100
int main()
{
    FILE *fp1, *fp2;
    char filename1[]="data.txt";
    char filename2[]="result.txt";
    int data[MAX_SIZE];
    int i, j, n=0;
    //打开数据文件,读取数据
    fp1=fopen(filename1, "r");
    if (fp1==NULL)
    {
        printf("文件打开失败!\n");
```

```
        return 1;
    }
    while (fscanf(fp1, "%d", &data[n]) = =1)
    {
        n++;
    }
    fclose(fp1);
    //冒泡排序
    for (i=0; i < n -1; i++)
    {
        for (j=0; j < n -i -1; j++)
        {
            if (data[j] > data[j+1])
            {
                int temp=data[j];
                data[j]=data[j+1];
                data[j+1]=temp;
            }
        }
    }
    //打开结果文件,写入排序后的数据
    fp2=fopen(filename2, "w");
    if (fp2= =NULL)
    {
        printf("文件打开失败!\n");
        return 1;
    }
    for (i=0; i < n; i++)
    {
        fprintf(fp2, "%d ", data[i]);
    }
    fclose(fp2);
    printf("排序后的结果已写入文件%s\n", filename2);
    return 0;
}
```

程序运行结果见图10.3。

程序实现了读取当前目录下的文本文件data.txt(需要在程序执行前先创建data.txt文件)中的若干个整数到一维数组中,然后用冒泡排序进行排序,最后将排序后的数据写入

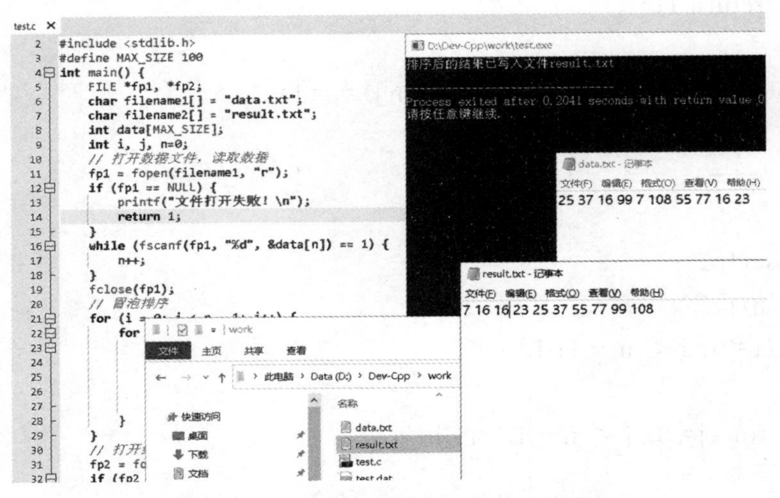

图 10.3 读取文件中的数据进行排序输出

文件 result.txt 中。

10.3.2 二进制文件的读写

例 10.9 定义一个存储学生信息的结构体，将多个学生信息写入二进制文件。

程序实现：

```
#include "stdio.h"
#include "stdlib.h"
#define N 3
typedef struct
{
    int id;
    char name[20];
    int score;
} student;
int main()
{
FILE *fp;
char filename[] = "data.dat";
student data[N] = {{1001,"张三",97},{1002,"李斯",83},{1003,"王武",88}};
int i;
//以二进制写模式打开文件
fp = fopen(filename, "wb");
if (fp = = NULL)
{
    printf("文件打开失败!\n");
```

```
    return 1;
}
//写入数据
for (i=0; i < N; i++)
{
    fwrite(&data[i], sizeof(student), 1, fp);
}
//关闭文件
fclose(fp);
printf("已写入文件%s\n", filename);
return 0;
}
```

程序运行结果见图 10.4。

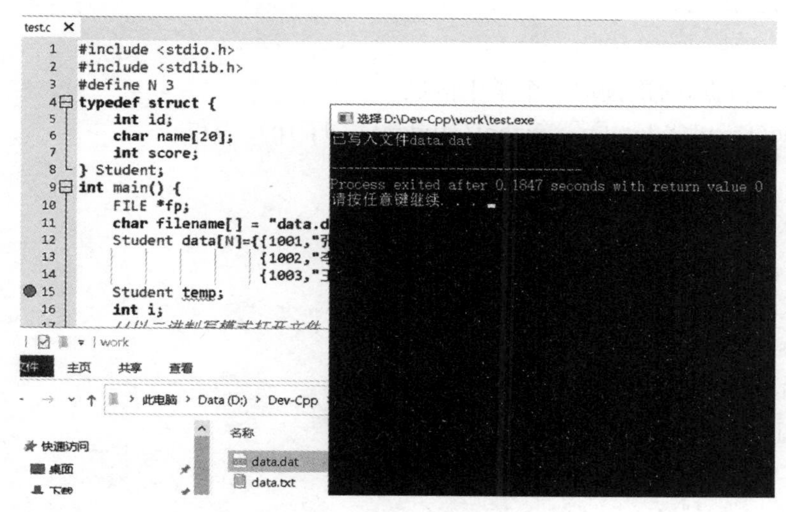

图 10.4 写入二进制文件

程序运行后，会在当前目录生成一个 data. dat 文件，由于是二进制文件，所以如果用记事本等文本编辑器打开，会发现文件显示乱码。

例 10.10 读取例 10.9 生成的二进制文件内容，输出到屏幕上。

程序实现：

```
#include "stdio.h"
#include "stdlib.h"
#define MAX_SIZE 100
typedef struct
{
    int id;
    char name[20];
    int score;
```

```
} student;
int main()
{
    FILE *fp;
    char filename[] = "data.dat";
    student data[MAX_SIZE];
    int i,n=0;
    //以二进制读模式打开文件
    fp=fopen(filename, "rb");
    if (fp==NULL)
    {
        printf("文件打开失败!\n");
        return 1;
    }
    //读取数据,每次读取一个学生信息
    while(fread(&data[n], sizeof(student), 1, fp)>0)
    {
        n++;
    }
    //关闭文件
    fclose(fp);
    //输出
    for(i=0;i<n;i++)
    {
        printf("id:%d ",data[i].id);
        printf("name:%s ",data[i].name);
        printf("score:%d\n",data[i].score);
    }
    return 0;
}
```

程序运行结果见图 10.5。

程序运行会读取当前目录下的 data.dat 文件,这样就将例 10.9 中写入的数据读取到了结构体数组中,然后将其输出到屏幕上。

test.c

```c
#include <stdio.h>
#include <stdlib.h>
#define MAX_SIZE 100
typedef struct {
    int id;
    char name[20];
    int score;
} Student;
int main() {
    FILE *fp;
    char filename[] = "data.dat";
    Student data[MAX_SIZE];
    int i,n=0;
    //以二进制读模式打开文件
    fp = fopen(filename, "rb");
    if (fp == NULL) {
        printf("文件打开失败! \n");
        return 1;
    }
    //读取数据,每次读取一个学生信息
    while(fread(&data[n], sizeof(Student), 1, fp)>0) {
        n++;
    }
    //关闭文件
    fclose(fp);
    //输出
    for(i=0;i<n;i++){
        printf("id:%d ",data[i].id);
        printf("name:%s ",data[i].name);
        printf("score:%d\n",data[i].score);
    }
    return 0;
}
```

D:\Dev-Cpp\work\test.exe

```
id:1001 name:张三 score:97
id:1002 name:李斯 score:83
id:1003 name:王武 score:88

--------------------------------
Process exited after 0.1606 seconds with return value 0
请按任意键继续. . .
```

图 10.5　读取二进制文件

任务实施

任务 1:统计文件中英文单词数。

1. 在空白处填入适当的代码,完成程序。

程序实现:

```
#include <stdio.h>
#include <ctype.h>
#define IN 1
#define OUT 0
int main() {
    FILE *fp;
    int c, nw, state;
    fp = fopen("file.txt", "r");
    if (______________) {
        printf("文件打开失败\n");
        return 1;
    }
    nw = 0;
state = OUT;
//每次读取一个字符
    while ((c = fgetc(fp)) != ________) {
        if (!((c>'A'&& c<'Z')||(c>'a'&& c<'z')))
            state = ________;
```

```
        else if (state = = OUT) {
            state = ________;
            nw++;
        }
    }
    printf("单词数：%d\n", nw);
    fclose(fp);
    return 0;
}
```

2. 在 Dev-C++ 中输入该程序，运行查看结果，并回答问题。

程序运行结果见图 10.6。

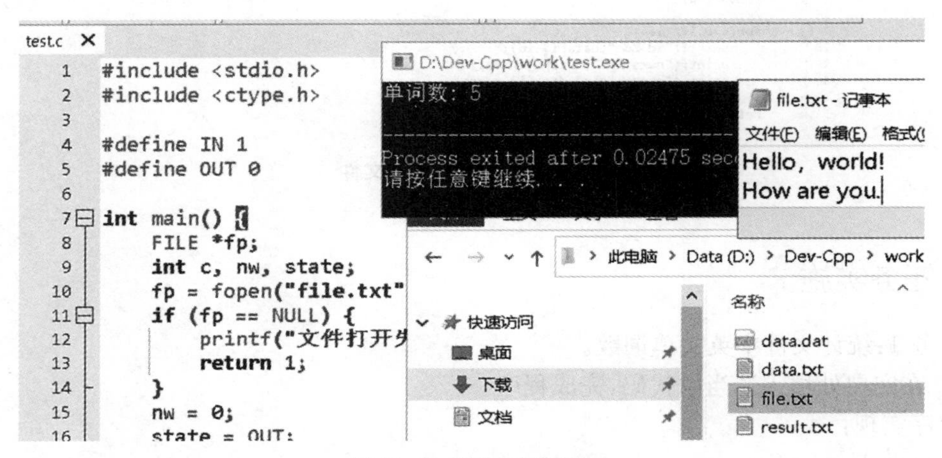

图 10.6 程序运行结果

问题 1：对文本文件读写有哪些常用函数？

问题 2：EOF 的含义？

任务2:用二进制方式读取文件并输出到另一个文件(即实现文件的拷贝)。

1. 在空白处填入适当的代码,完成程序。

程序实现:

```
#include <stdio.h>
#include <stdlib.h>
#define BUFFER_SIZE 1024
int main() {
    FILE *in, *out;
    unsigned char buffer[BUFFER_SIZE];
    size_t num_bytes;
    //打开输入文件和输出文件
    if ((in=fopen("data.dat", "rb"))==NULL) {
        printf("无法打开输入文件\n");
        return 1;
    }
    if (out=fopen("output.dat", "wb")==NULL) {
        printf("无法打开输出文件\n");
        return 1;
    }
    //读取输入文件并将其内容写入输出文件
    while((num_bytes=fread(buffer, ________,BUFFER_SIZE,in)) > 0){
        fwrite(____________,____________,____________, out);
    }
    //关闭文件
    fclose(in);
    fclose(out);
    return 0;
}
```

2. 在Dev-C++中输入该程序,运行查看结果,并回答问题。

问题1:读取二进制文件用哪个函数?简述其用法。

问题2:写入二进制文件用哪个函数?简述其用法。

任务评价与考核表

<table>
<tr><td colspan="3">学习任务10　文件操作</td><td>综合评分:</td></tr>
<tr><td colspan="4">知识点掌握情况(50分)</td></tr>
<tr><td>序号</td><td>知识点</td><td>总分值</td><td>得分</td></tr>
<tr><td>1</td><td>文件概述</td><td>10</td><td></td></tr>
<tr><td>2</td><td>文件操作</td><td>20</td><td></td></tr>
<tr><td>3</td><td>文件应用</td><td>20</td><td></td></tr>
<tr><td colspan="4">任务完成情况(50分)</td></tr>
<tr><td>序号</td><td>任务内容</td><td>总分值</td><td>得分</td></tr>
<tr><td>1</td><td>任务1:统计文件中英文单词数</td><td>25</td><td></td></tr>
<tr><td>2</td><td>任务2:用二进制方式读取文件并输出到另一个文件(即实现文件的拷贝)</td><td>25</td><td></td></tr>
</table>

任务测试练习题

单选题

1. 下列函数,哪个可以将数据以二进制形式存入文件________。

A. fprintf()　　B. fputc()　　C. fread()　　D. fwrite()

2. 对文件随机读写时,语句fseek(fp,100L,SEEK_END)的含义是________。

A. 将fp所指向文件的位置指针移动至距文件首100个字节

B. 将fp所指向的文件的位置指针移动至距文件尾100个字节

C. 将fp所指向的文件的位置指针移动至距当前位置指针的文件首方向100个字节

D. 将fp所指向的文件的位置指针移动至距当前位置指针的文件尾方向100个字节

3. rewind()函数的作用,下列描述正确的是________。

A. 使位置指针返回到文件的开头

B. 将位置指针指向文件中的特定位置

C. 使位置指针指向文件的末尾

D. 使位置指针移至下一个字符位置

4. 若 fp 是某文件的指针，且已读到文件的末尾，则函数 feof(fp)的返回值是________。

A. EOF　　B. －1　　C. 非零值　　D. NULL

5. 下列关于文件打开方式“w”和“a”错误描述的是________。

A. 都可以向文件中写入数据

B. 以“w”打开方式打开的文件从文件头写入数据

C. 以“a”打开方式从文件末尾写入数据

D. 它们都不清除文件内容

6. 若执行 fopen 函数时发生错误，则函数的返回值是________。

A. 地址　　B. 1　　C. 2　　D. NULL

判断题

1. 一个文件指针可以指向多个文件。(　　)

2. 用 fopen 函数打开文件后，只能顺序存取。(　　)

3. 用“a”(追加)模式打开文件时，文件可以不存在。(　　)

4. 打开文件写入完成后，必须将文件关闭，否则可能会造成数据丢失。(　　)

5. fgets 函数的功能是从一个二进制文件中读取一个字符串。(　　)

6. EOF 表示的值是 0。(　　)

填空题

1. fopen 函数的返回值类型是________。

2. ________函数用来获取当前文件指针的位置。

3. 文件可以分为文本文件和________________。

4. 在 C 语言中，标准输入是____________，标准输出是____________。

5. ____________函数用来关闭已打开的文件。

6. 若要以二进制追加方式打开文件 test.dat，则打开文件的语句为 fopen(“test.txt”，“____________”)。

程序设计题

1. 编写程序，从键盘输入 2 个数，求它们的和，并将这 2 个数以及它们的和追加保存到文本文件 test.txt。

*2. 编写程序，从键盘输入学生信息(包括姓名、学号、年龄、成绩)，可以连续输入，输入 q 则退出输入，使用链表保存学生信息，并将学生信息写入文本文件中。

附　　录

附录 1　ASCII 码表

十进制	二进制	字符	十进制	二进制	字符	十进制	二进制	字符	十进制	二进制	字符	十进制	二进制	字符
0	00000000	NUL	26	00011010	SUB	52	00110100	4	78	01001110	N	104	01101000	h
1	00000001	SOH	27	00011011	ESC	53	00110101	5	79	01001111	O	105	01101001	i
2	00000010	STX	28	00011100	FS	54	00110110	6	80	01010000	P	106	01101010	j
3	00000011	ETX	29	00011101	GS	55	00110111	7	81	01010001	Q	107	01101011	k
4	00000100	EOT	30	00011110	RS	56	00111000	8	82	01010010	R	108	01101100	l
5	00000101	ENQ	31	00011111	US	57	00111001	9	83	01010011	S	109	01101101	m
6	00000110	ACK	32	00100000	(space)	58	00111010	:	84	01010100	T	110	01101110	n
7	00000111	BEL	33	00100001	!	59	00111011	;	85	01010101	U	111	01101111	o
8	00001000	BS	34	00100010	"	60	00111100	<	86	01010110	V	112	01110000	p
9	00001001	HT	35	00100011	#	61	00111101	=	87	01010111	W	113	01110001	q
10	00001010	LF	36	00100100	$	62	00111110	>	88	01011000	X	114	01110010	r
11	00001011	VT	37	00100101	%	63	00111111	?	89	01011001	Y	115	01110011	s
12	00001100	FF	38	00100110	&	64	01000000	@	90	01011010	Z	116	01110100	t
13	00001101	CR	39	00100111	'	65	01000001	A	91	01011011	[	117	01110101	u

续表

十进制	二进制	字符	十进制	二进制	字符	十进制	二进制	字符	十进制	二进制	字符	十进制	二进制	字符
14	00001110	SO	40	00101000	(	66	01000010	B	92	01011100	\	118	01110110	v
15	00001111	SI	41	00101001	)	67	01000011	C	93	01011101	]	119	01110111	w
16	00010000	DLE	42	00101010	*	68	01000100	D	94	01011110	^	120	01111000	x
17	00010001	DC1	43	00101011	+	69	01000101	E	95	01011111	_	121	01111001	y
18	00010010	DC2	44	00101100	,	70	01000110	F	96	01100000	`	122	01111010	z
19	00010011	DC3	45	00101101	-	71	01000111	G	97	01100001	a	123	01111011	{
20	00010100	DC4	46	00101110	.	72	01001000	H	98	01100010	b	124	01111100	|
21	00010101	NAK	47	00101111	/	73	01001001	I	99	01100011	c	125	01111101	}
22	00010110	SYN	48	00110000	0	74	01001010	J	100	01100100	d	126	01111110	~
23	00010111	ETB	49	00110001	1	75	01001011	K	101	01100101	e	127	01111111	DEL
24	00011000	CAN	50	00110010	2	76	01001100	L	102	01100110	f			
25	00011001	EM	51	00110011	3	77	01001101	M	103	01100111	g			

附录 2 常用的标准库函数

1. 标准输入输出库函数:头文件 stdio. h

函数名	函数原型	函数功能
scanf	int scanf(const char * format,p);	以 format 格式输入数据到 p 所指向的内存单元,文件结束返回 EOF
printf	int printf(cons char * format,args);	以 format 格式输出 args 的值
getchar	int getchar();	读取并返回字符直到回车符结束
putchar	int putchar(char ch);	输出字符 ch
gets	char * gets(char * str);	读入字符串到 str 指向的字符数组,直到回车符结束,并添加'\0'作为字符串的结束符
puts	int puts(const char * str);	输出 str 指向的字符串
fopen	FILE * fopen(const char * filename, const char * mode);	使用 mode 模式打开 filename 所指向的文件
fclose	int fclose(FILE * stream);	关闭文件
fread	size_t fread(void * ptr, size_t size, size_t count, FILE * stream);	从文件中读取二进制数据
fwrite	size_t fwrite(const void * ptr, size_t size, size_t count, FILE * stream);	向文件中写入二进制数据
fgetc	int fgetc(FILE * stream);	从文件中读取一个字符
fputc	int fputc(int c, FILE * stream);	将一个字符写入到文件中
fgets	char * fgets(char * str, int n, FILE * stream);	从文件中读取一行字符
fputs	int fputs(const char * str, FILE * stream);	向文件中写入一行字符
fscanf	int fscanf(FILE * stream, const char * format, …);	从文件中读取格式化的数据
fprintf	int fprintf(FILE * stream, const char * format,…);	将格式化的数据输出到文件中
fseek	int fseek(FILE * stream, long offset, int whence);	用于移动文件指针的位置,即读写的位置
ftell	long ftell(FILE * stream);	用于获取当前文件指针的位置
rewind	void rewind(FILE * stream);	用于将文件指针移动到文件开头
feof	int feof(FILE * stream);	用于检查文件是否已经到达文件结尾

2. 数学库函数:头文件 math.h

函数名	函数原型	函数功能
abs	int abs(int a);	返回整数 a 的绝对值
fabs	double fabs(double a);	返回实数 a 的绝对值
sqrt	double sqrt(double a);	返回实数 a 的平方根
pow	double pow(double a,double b);	返回 a^b 的值
sin	double sin(double a);	返回 sin(a)的值
cos	double cos(double a);	返回 cos(a)的值
tan	double tan(double a);	返回 tan(a)的值
log10	double log10(double a);	返回以 10 为底,a 的对数

3. 字符串处理函数:头文件 string.h

函数名	函数原型	函数功能
strlen	unsigned int char * strlen(const char * str)	返回字符串 x 的字符个数
strupr	char * strupr(char * str)	将字符串中的小写字母转换成大写字母
strlwr	char * strlwr (char * str)	将字符串中的大写字母转换成小写字母
strcpy	char * strcpy(char * str1,const char * str2)	将字符串 2 的字符复制到字符串 1 所在的内存单元中
strcat	char * strcat(char * str1,const char * str2)	将字符串 2 连接到字符串 1 后面
strcmp	char * strcmp(char * str1,const char * str2)	依次比较对应位置的两个字符串中的字符,大小以字符的 ASCII 码值为判断依据,以第一个不相同的字符比较结果为准,ASCII 码值大的字符串大

4. 其他函数:头文件 stdlib.h

函数名	函数原型	函数功能
atoi	int atoi(char * str);	将字符串转换成一个整数值
itoa	char * itoa(int value,char * str,int radix);	将整数转换为指定进制表示的字符串
random	int random(int num);	生成 0 到 num 之间的随机数
malloc	void * malloc(unsigned size);	分配 size 字节的存储区
free	void free(void * p);	释放 p 所指的内存区

参 考 文 献

[1] 谭浩强.C程序设计[M].5版.北京:清华大学出版社,2017.
[2] Ng L. C Primer Plus[Z]. Tritech Digital Media,2018-08-23.
[3] 陈国龙,董全德.C语言程序设计[M].合肥:中国科学技术大学出版社,2016.
[4] Jena S K. C Programming:Learn to Code[M]. Boca Raton:CRC Press,2021.
[5] 巨同升,李业刚,李增祥.C语言程序设计项目式教程[M].北京:高等教育出版社,2018.
[6] 黑马程序员.C语言程序设计案例式教程[M].北京:人民邮电出版社,2017.
[7] Andrea L L. Learn C Programming Yourself[Z]. Tritech Digital Media,2018-08-23.
[8] 程书红,李咏霞.C语言程序设计[M].成都:西南交通大学出版社,2018.
[9] 赵娟.C语言程序设计活页式教程[M].北京:电子工业出版社,2023.
[10] 潘银松,颜烨,高瑜,等.C语言程序设计基础教程[M].重庆:重庆大学出版社,2019.
[11] 匡泰,时允田,杜静,等.C语言程序设计项目式教程[M].北京:人民邮电出版社,2017.